ISBN 978-3-662-22935-4   ISBN 978-3-662-24877-5 (eBook)
DOI 10.1007/978-3-662-24877-5

Tag der mündlichen Prüfung: 25. II. 1960

Dekan: Prof. Dr. H. KRÜGER

1. Berichterstatter: Doz. Dr. C. HAUENSCHILD

2. Berichterstatter: Prof. Dr. K. G. GRELL

Sonderdruck aus

Wilhelm Roux' Archiv für Entwicklungsmechanik, **152**, 398—454 (1960)

Springer-Verlag OHG/Berlin · Göttingen · Heidelberg

J. F. Bergmann/München

Roux' Archiv für Entwicklungsmechanik 152, 398—455 (1960)

Aus dem Max Planck Institut für Biologie Tübingen

ÜBER DIE BEDEUTUNG DER INTERSTITIELLEN ZELLEN FÜR DIE ENTWICKLUNG UND FORTPFLANZUNG MARINER HYDROIDEN

Von

Brigitte Weiler-Stolt

Mit 50 Textabbildungen (60 Einzelbilder)

(Eingegangen am 12. Januar 1960)

Inhalt

I. Einleitung

Die Fähigkeit, sich nicht nur sexuell, sondern auch vegetativ durch Knospung fortpflanzen zu können und das damit zusammenhängende starke Regenerations- und Reorganisationsvermögen ließen die Hydroiden seit langer Zeit zum Gegenstand vieler Untersuchungen werden. Dabei stand die Frage nach der Bedeutung der interstitiellen Zellen (hier kurz I-Zellen genannt) für diese Vorgänge häufig im Vordergrund. Die An-

schauungen hierüber gehen weit auseinander: Einerseits werden die
I-Zellen als die omnipotenten Zellen der Hydroiden dargestellt, die für
alle Neubildungen verantwortlich zu machen sind (Schulze 1918 und
Goetsch 1929 an *Hydra*, Kirchner 1935 an *Cordylophora caspia*),
andererseits messen mehrere Autoren ihnen nur untergeordnete Bedeutung zu. Moore (1952) erkennt bei *Cordylophora lacustris* nur eine
induzierende Wirkung der I-Zellen an, Kanajew (1930) streitet ihnen
für *Hydra* und *Pelmatohydra* sogar die Embryonalität ab; er sieht
ihre Bedeutung nur in der Bildung von Nesselzellen.

Bisher befaßte sich der Hauptteil aller Veröffentlichungen über die
I-Zellen der Hydroiden mit den verschiedenen Hydraarten. Ihre Auf-
gaben in der Meduse wurden bisher nur an *Moerisia lyonsi* gezeigt
(Boulenger 1910).

Die folgenden Untersuchungen wurden an *Eleutheria dichotoma* Quatr.
1842, *Cladonema radiatum* Duj. 1843 und *Campanularia johnstoni* Alder
1856 durchgeführt. Die beiden ersten Arten sind Anthomedusen; sie
gehören zu den Coryniden, und zwar in die Unterfamilie der Cladoneminae. *Campanularia* ist eine Leptomeduse aus der Familie der Cam-
panulariidae. Bis auf die Arbeiten von Brien (1941, 1942) und Pasteels
(1941) an *Cladonema radiatum* und von Hauenschild (1954, 1956, 1957)
an *Eleutheria dichotoma* wurden die Cladoneminae bisher nur zu morphologischen Untersuchungen herangezogen, zuletzt sehr ausführlich von
Lengerich (1923), bei dem eine vollständige Angabe aller vorhergehenden Literatur zu finden ist. In den entwicklungsgeschichtlichen und
entwicklungsphysiologischen Untersuchungen an Campanularien (Goette 1907, Schach 1935, Berril 1949, 1950, Crowell 1950, 1953, 1957,
Nathanson 1955) gehen die jüngeren Autoren gar nicht auf das Zellmaterial ein, während Goette ausführlich die histologische Entwicklung
von 4 *Campanularia*-Gonophoren beschreibt, ohne die I-Zellen zu er-
wähnen. Die vorliegende Arbeit beschäftigt sich daher mit dem Vorkommen, dem Verhalten und der Bedeutung der I-Zellen bei der Entwicklung und Fortpflanzung dieser Hydroiden. Daneben wurde in
Regenerationsversuchen die Beteiligung der I-Zellen der verschiedenen
Medusengewebe an der Bildung neuer Organe geprüft.

Herrn Dr. C. Hauenschild danke ich für die Anregung zu dieser
Arbeit und für die Überlassung des Zuchtmaterials.

II. Material und Methode
A. Material und Kulturmethode

1. Eleutheria dichotoma

Die in den folgenden Versuchen verwandten Tiere stammen alle von einer
Meduse ab, die von Hauenschild 1952 auf Rhodos gefunden wurde. Bei der
zwittrigen *Eleutheria dichotoma* entwickelt sich über ein wenige Tage frei schwim-
mendes Larvenstadium der Polyp, der durch Knospung Medusen erzeugt. Diese
Primärmedusen haben einerseits die Fähigkeit, sich durch selbstbefruchtete Eier

geschlechtlich fortzupflanzen, andererseits erzeugen sie vegetativ durch Knospung Sekundärmedusen.

Schon nach wenigen Monaten traten in Hauenschilds Kulturen einzelne Medusen auf, die keine Geschlechtszellen ausbildeten, sondern sich nur ungeschlechtlich vermehrten. Auch ihre Nachkommen pflanzten sich Jahre hindurch nur noch durch Knospung fort. So konnten neben den normalen auch verschiedene asexuelle Klone gezüchtet werden, die jeweils von einem spontan asexuell gewordenen Tier ausgingen.

Normale und asexuelle Klone wurden durch vegetative Vermehrung gezüchtet, wobei ich aber die Kultur der normalen Medusen immer wieder durch geschlechtlich erzeugte Tiere ergänzte. Hierzu sammelte ich die schwimmenden Planulalarven in Boveri-Schälchen, wo sie sich festsetzten und zum Teil zu Polypen metamorphosierten. Etwa 3 Tage nach beendeter Umwandlung begann ihre tägliche Fütterung mit kleinen Stücken von 3tägigen *Artemia salina*-Larven. Die Polypen, die sich dabei am kräftigsten entwickelten, setzte ich meist zu dritt in eine Boveri-Schale (Durchmesser 6 cm). Von den Medusen kamen maximal 12 Individuen in eine solche Schale, nur für besondere Versuche legte ich Sammelkulturen in großen Abdampfschalen an (Durchmesser 9,5 cm). Medusen und ausgewachsene Polypen wurden mindestens zweimal wöchentlich, unter bestimmten Versuchsbedingungen auch täglich gefüttert. Je nach ihrer Größe erhielten sie einzeln mit der Pipette 1—5 *Artemia*-Larven. Nach der Fütterung wurde das Seewasser vollständig gewechselt.

2. Cladonema radiatum

1957 brachte Grell von Rovigno Polypen mit, von deren Nachkommen er mir später freundlicherweise einige zum Aufbau eigener Zuchten überließ. Die Polypen von *Cladonema radiatum* entwickeln durch Knospung am Hydranthen eingeschlechtige Medusen, die sich ausschließlich geschlechtlich fortpflanzen. Da nur ein männlicher Klon zur Verfügung stand, konnten keine Larven aufgezogen werden. Die Polypen vermehren sich lebhaft vegetativ an den sich reich verzweigenden Stolonen. Zur Erweiterung der Kultur wurden mit Polypen besetzte Stolonen abgeschnitten und in Schälchen überführt, wo sie sich innerhalb weniger Tage mit neu gebildeten Stolonen feshefteten. Polypen und Medusen wurden in Abdampfschalen von 7 oder 9,5 cm Durchmesser gehalten. Ich fütterte sie dreimal wöchentlich, indem ich 2—3tägige *Artemia*-Larven in die Schälchen gab (etwa 3—5 pro Tier).

3. Campanularia johnstoni

Die Zucht ging aus Polypen hervor, die Hauenschild 1955 auf Sylt sammelte. In der Kultur waren die weiblichen Klone ausdauernder als die männlichen. *Campanularia johnstoni* hat ein großes Sauerstoffbedürfnis und verträgt keine über 20° C ansteigenden Temperaturen. Um eine ständige Wasserbewegung in den Zuchtschalen zu erreichen, konstruierte Hauenschild ein mit Hilfe eines Elektromotors hin- und herbewegtes Gestell, auf dem nebeneinander mehrere Tabletts für die Boveri-Schalen Platz fanden (Hauenschild 1956). Zum Ansatz neuer Kulturen wurde das Coenosarc eines möglichst großen Stolonenstücks aus seinem Perisarcrohr herausgequetscht, sich daran anheftender Schmutz abgespült und die Stückchen in eine saubere, zunächst unbewegte Schale mit Seewasser gebracht. Der Stolo kugelte sich ab und entwickelte nach etwa 3—4 Tagen den ersten Polypen. Polypen und Medusen erhielten täglich nach dem Wasserwechsel 2—3tägige *Artemia*-Larven in ihre Schälchen (etwa 3—5 pro Tier). Das für die Zucht notwendige Seewasser schickte die Biologische Station auf Sylt. Vor Gebrauch wurde es filtriert und bei 80° C sterilisiert. Die Tiere wurden bei 18—20° C gehalten.

B. Untersuchungstechnik

1. Schnitte. Polypen wie Medusen fixierte ich zuerst hauptsächlich mit dem Zenker-Gemisch (ROMEIS 1948, § 336), später mit ebenso gutem Erfolg nach BOUIN (ROMEIS 1948, § 305). Die Untersuchung der Larve wurde dadurch vereinfacht, daß sie bei *Eleutheria* bis zum Planulastadium und häufig noch länger im Brutraum der Meduse zu finden ist und dort fixiert und geschnitten werden kann. Ich stellte Serienschnitte von 5—7 μ Dicke her, die ich für meine Zwecke am besten mit der Azur-Eosin-Methylenblau-Lösung nach GIEMSA von Merck färbte. Diese Färbung hat einen ähnlichen Effekt wie die ebenfalls angewandte Supravitalfärbung mit Toluidinblau (TARDENT 1954). Beide färben bevorzugt das Plasma und den Nukleolus der I-Zellen, die Cnidoblasten samt den von ihnen gebildeten Nesselkapseln und die Granula der Entodermzellen. Die I-Zellen lassen sich durch die typische Blaufärbung ihres Plasmas, ihre meist spindel- oder tropfenförmige Gestalt und ihren hellen Kern mit dem dunklen Nukleolus gut im Präparat finden. Die I-Zellen der hier untersuchten Arten entsprechen in ihrem Aussehen völlig einander und den bei anderen Hydroiden beschriebenen.

Die selektive Färbbarkeit mit den genannten Methoden läßt eine starke Basophilie des Plasmas der I-Zellen erkennen. Sie beruht auf seinem starken Gehalt an Ribonukleinsäure (KEDROWSKY 1941, BRIEN 1942, TARDENT 1954), der bekanntlich allgemein für embryonale Zellen charakteristisch ist.

Die Zeichnungen dieser Arbeit wurden (wo nicht anders vermerkt) nach Schnittpräparaten angefertigt. Dabei mußte das Plasma der I-Zellen zugunsten der Deutlichkeit schwarz dargestellt werden. Im Präparat hebt sich seine Färbung besonders von gerade aus I-Zellen differenziertem und daher auch noch kräftig angefärbtem Gewebe nicht im gleichen Maße ab.

2. Supravitalfärbung. Die Supravitalfärbung vermittelte nur ein erstes, unvollkommenes Bild von der Verteilung und Anzahl der I-Zellen, da sie allein bei Quetschpräparaten angewandt wurde. Für diesen Zweck leistete sie aber gute Dienste. Sie wurde mit Toluidinblau (TARDENT 1954) ausgeführt. Ein Tropfen der alkoholischen Toluidinblau-Stammlösung (nach MICHAELIS in ROMEIS 1948, § 614) wurde in 10 Tropfen Wasser gelöst und diesem Gemisch unmittelbar vor Gebrauch Eisessig im ungefähren Verhältnis von 20:1 zugesetzt. Diese Lösung tropfte ich auf die vom umgebenden Wasser weitgehend befreiten Tiere oder die aus ihnen herausgeschnittenen Gewebestücke. Auf das Präparat legte ich sofort ein Deckglas, um es schon vor der Erhärtung durch die Essigsäure etwas zu pressen. Nach 10—20 min wurde mit Filtrierpapier die einige Male ergänzte Farblösung unter dem Deckglas hervorgesaugt. Die daraufhin folgende Eintrocknung trug weiter dazu bei, das Präparat dünner und damit klarer zu machen.

3. Transplantationen. Die Transplantate entnahm ich 3—4tägigen *Eleutheria dichotoma*-Medusen von etwa 0,3 mm Schirmdurchmesser. In jeder aus 30 (selten nur 15) Transplantationen bestehenden Versuchsreihe stammen $^2/_3$ der Implantate von Primär-, $^1/_3$ von Sekundärmedusen. Alle diese Medusen zerschnitt ich in 2 annähernd gleiche Hälften, von denen nur eine die Implantate lieferte, während ich die andere aufzog, um festzustellen, ob sie Geschlechtsprodukte ausbildete. Dadurch war es sicher, daß nur die Implantate aus sexuellen Medusen in der Auswertung der Versuche berücksichtigt wurden. Die Transplantate hatten bei unterschiedlicher Dicke (je nach Herkunft) einen Durchmesser von durchschnittlich 70 μ (50—150 μ).

Die *Eleutheria*-Medusen ließen sich gut mit $MgSO_4$ betäuben, von dem 10 Tropfen einer gesättigten Lösung dem Seewasser der Boveri-Schale von 6 cm Durchmesser hinzugefügt wurden. Mit dem Augenskalpell trennte ich die Gewebestücke unter dem Binokular mit der freien Hand ab. Die auf ihrer Exumbrella liegende,

asexuelle Meduse wurde durch eine im Mikromanipulator eingespannte Nadel fest-
gehalten. Mit dem Skalpell machte ich einen kleinen Einschnitt an der Manubrium-
basis und drückte sofort das Implantat mit einer fein ausgezogenen Glasnadel an
die Wunde. Durch die Glasnadel, die im zweiten Arm des Mikromanipulators
festgeklemmt war, hindurch konnte die Lage des Implantats recht genau geprüft
werden. Meist genügte ein Zeitraum von 15—45 min bis zum Verwachsen der
Gewebe, je nachdem, ob das Implantat hauptsächlich Entoderm oder Ektoderm
enthielt. Freie Entodermflächen verkleben in wenigen Minuten miteinander,
Ektoderm und Entoderm verbinden sich schon viel langsamer, und die Verwachsung
von Ektodermteilen miteinander gelingt kaum. War das Stück bei der Kontrolle
nach der betreffenden Zeit verwachsen (im anderen Fall mußte es noch einmal
angedrückt werden), so wurde die Meduse sofort in ein Schälchen mit frischem
Seewasser gebracht und nach 1—3 Tagen zum erstenmal gefüttert. Zehn Wochen
hielt ich die so behandelten Medusen unter Kontrolle. Nach 4—8 Wochen wurde
von jeder von ihnen eine Tochtermeduse einzeln in einem Schälchen weitere
4 Wochen lang unter Beobachtung gehalten.

Bei der Transplantation von Polypengewebe auf Medusen verwandte ich die
gleiche Technik. Die Implantate waren etwas größer, da der Polyp nicht in so
viele verschiedene Stücke wie die morphologisch reicher gegliederte Meduse unter-
teilt wurde.

4. Regenerationsversuche. Ich untersuchte die Regenerationsfähigkeit verschie-
dener Teilstücke von *Eleutheria*- und *Campanularia*-Medusen, darunter auch der
bei den Transplantationen an *Eleutheria* verwandten Fragmente. Bei den Geweben
bestimmter, einheitlich differenzierter Bereiche, wie Nesselring, Exumbrella und
Manubrium, nahm ich hierfür die Stücke so groß wie möglich. Die Gewebeteile
schnitt ich aus jüngeren, schon Geschlechtsprodukte bildenden Medusen unter
dem Binokular heraus. Sie wurden einzeln in Boveri-Schalen aufbewahrt und
erhielten 1—2mal wöchentlich frisches Seewasser. Wenn sich ein Manubrium
mit kleinem Magenraum bildete, wurden die Regenerate mit winzigen Stücken
von *Artemia*-Larven gefüttert.

III. Bemerkungen über Bau und Entwicklung der untersuchten Arten

1. Eleutheria dichotoma

Die ausgewachsene Planulalarve von *Eleutheria* (s. Abb. 18) ist ei-
förmig und hat eine mittlere Länge von 0,12 mm. An ihrem schmaleren
Hinterpol fällt eine Ansammlung von Nesselzellen (*Nk*) auf, die schon
bei äußerlicher Betrachtung durch ihre typische, hyaline Beschaffenheit
zu erkennen sind. Die bewimperte Larve schwimmt einige Tage frei
umher und heftet sich dann mit den Drüsenzellen (*Skrz*) ihres Vorder-
endes (*Vp*) fest. Nun setzt an dem von Nesselzellen erfüllten Pol sofort
die Bildung von meist 3—4 Tentakeln mit einem endständigen Nesselknopf ein; gleichzeitig entsteht zwischen ihnen der Mundkegel (s. Abb.19).

Der Polyp wächst rasch heran und bildet einen wenige Millimeter
langen Stolo, an dem im weiteren Verlauf noch 1—2 Tochterpolypen
entstehen können. Die Hydranthen werden, in ausgestrecktem Zustand
gemessen, 1—1,5 mm lang. Der ausgewachsene Polyp (Abb. 1) trägt
meist 5—6 kurze, ungespaltene Tentakel um den Mundkegel, in deren
endständigem Nesselknopf nur eine Sorte von Nesselzellen (Penetranten)

aufgestellt wird. Die
Cniden stammen aus
dem Ektoderm des kurzen Hydrocaulus und
der Hydrorhiza, die
beide von einem Perisarcrohr umgeben sind.
Bei guter Fütterung beginnt der Polyp im Alter
von durchschnittlich vier
Wochen mit der Erzeugung der Primärmedusenknospen (s. Abb. 1;
Abb. 20, *Kn*).

Die Medusen von
Eleutheria dichotoma gehören mit denen zweier
weiterer *Eleutheria*-Arten zu den wenigen Hydromedusen, die nicht
schwimmen können,
sondern sich auf ihren
Tentakeln stelzend fort

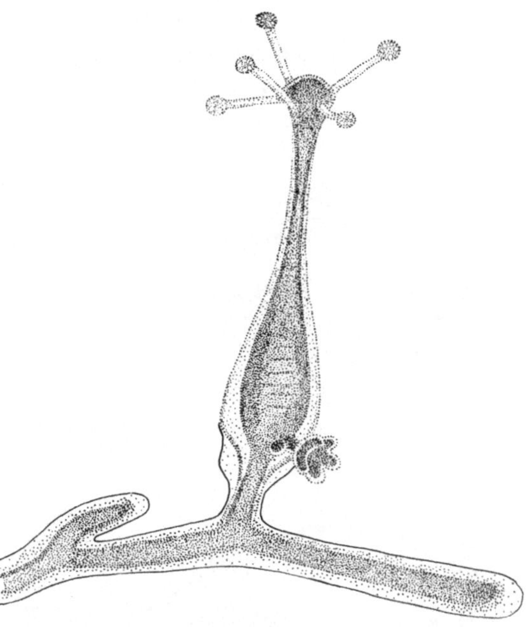

Abb. 1. *Eleutheria dichotoma*-Polyp mit einer jungen Primärmedusenknospe und einer Knospenanlage am gleichen Gonostyl. (Erläuterungen im Text.) Etwa 50 × vergr.

bewegen. Das ist mit einigen morphologischen Besonderheiten verbunden. Die ausgewachsene *Eleutheria*-Meduse (Abb. 2) hat einen Schirm

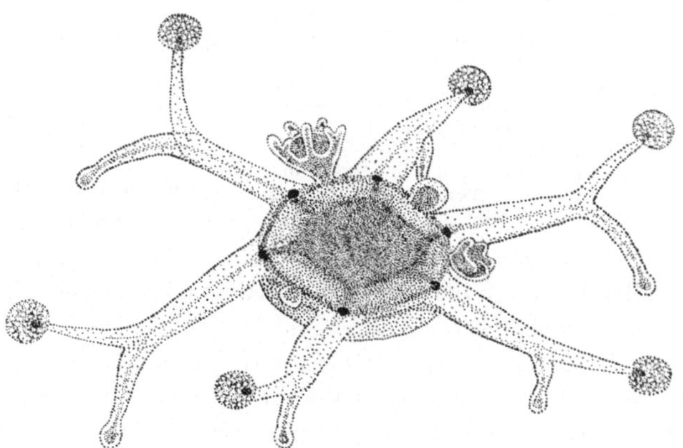

Abb. 2. Unreife bzw. asexuelle *Eleutheria dichotoma*-Meduse mit 4 Sekundärmedusenknospen auf verschiedenen Entwicklungsstadien. (Erläuterungen im Text.) Etwa 50 × vergr.

durchmesser von etwa $^1/_2$ mm. Ihre Tentakel (s. Abb. 3, *T*) (4—12.
meist 6), sind ungefähr 1 mm lang und in halber Länge in einen Schreit-

ast (*Sa*) mit einer endständigen Haftscheibe und einen Wehrast (*Wa*), der an seiner Spitze einen Nesselknopf trägt, gespalten. Entgegen der früher verbreiteten Ansicht (LENGERICH 1923) setzt sich der zentrale Kanal des basalen Tentakelabschnitts nur in den Schreitast fort, der Wehrast ist dagegen solide; seine Entodermzellen liegen geldrollenartig übereinander.

An jedem Tentakelansatz sitzt über dem Ringkanal (Abb. 3, *Rgk*) ein Ocellus (*Oc*), eine Gruppe von Sehzellen. Die Glocke ist ganz flach; sie besitzt keine Mesogloea. An den Glockenrand schließt sich unterhalb der Tentakel (*T*) der Nesselring (*Nrg*) an. In ihm befindet sich das Nesselkapselbildungslager der Meduse. Hier entstehen im Gegensatz zum Polypen außer Penetranten auch Volventen; beide Cnidensorten werden in den Nesselknöpfen der Tentakel verbraucht. Das am Nesselring hängende starre Velum (*V*) schließt die Glockenhöhle (*Glh*) gemeinsam mit dem Magenstiel (*Mb*) in Ruhestellung ab und wird beim Vorstrecken des Manubriums passiv gedehnt.

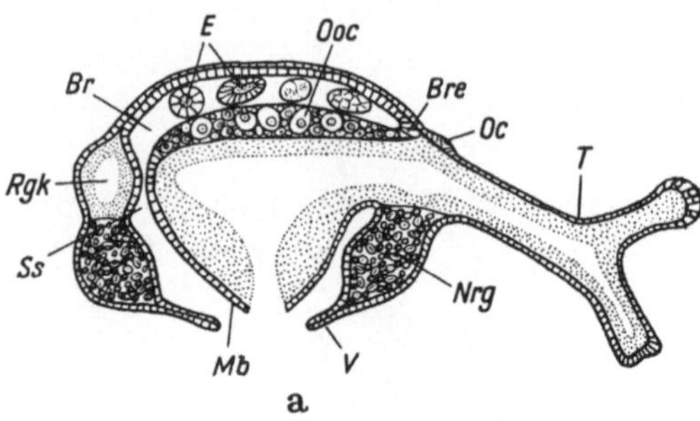

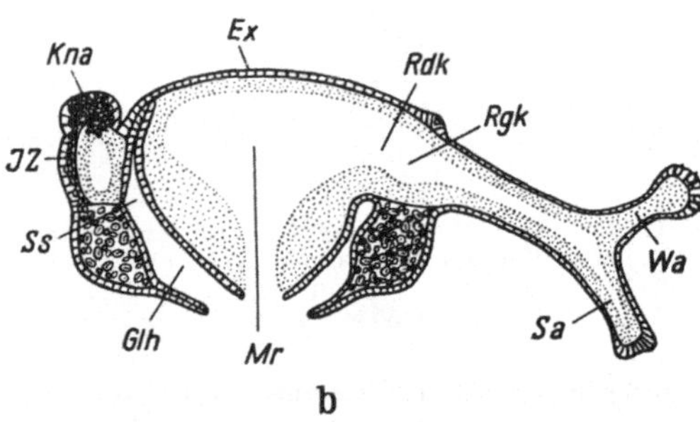

Abb. 3a u. b. Schematische Längsschnitte durch ausgewachsene *Eleutheria dichotoma*-Medusen. a Geschlechtsreif. b Asexuell mit junger Sekundärmedusen-Knospenanlage (nach LENGERICH, verändert). *Br* Brutraum; *Bre* Brutraumepithel; *E* Embryonen; *Ex* Exumbrella; *Glh* Glockenhöhle; *IZ* I-Zellen; *Kna* Knospenanlage; *Mb* Manubrium; *Mr* Magenraum; *Nrg* Nesselring; *Oc* Ocellus; *Ooc* Oocyten; *Rdk* Radiärkanal; *Rgk* Ringkanal; *Sa* Schreitast; *Ss* Subumbrellarschlauch; *T* Tentakel; *V* Velum; *Wa* Wehrast

Bei sexuellen wie auch bei asexuellen Medusen breitet sich die Glockenhöhle interradial zwischen Ringkanal und Magen hindurch bis zur Exumbrella aus. Es befinden sich also bei allen Medusen zwischen den Radiärkanälen (Abb. 3, *Rdk*) Ektodermschläuche, für welche die seit HARTLAUB (1886) geläufige Bezeichnung Geschlechtskanäle nicht ganz glücklich ist und die ich im folgenden daher lieber als „Subumbrellarschläuche" (*Ss*) bezeichnen möchte. Sie werden, wie die Schnittpräparate zeigen und auch HARTLAUB (1886) angibt, schon bei der Medusenknospenentwicklung angelegt und nicht, wie LENGERICH (1923) schreibt, „erst nach verschieden langer Zeit, während der die junge Meduse sich schon durch Knospung eifrig vermehren kann" (S. 369). Bei geschlechtsreifen Tieren wachsen die Subumbrellarschläuche zwischen Exumbrella (*Ex*) und Magendach aus und vereinigen sich hier zur Bruthöhle (*Br*).

Bei den anderen *Eleutheria*-Arten entstehen die Keimzellen im Ektoderm des Manubriums, bei *Eleutheria vallentini* zusätzlich in dem hier ebenfalls als Schlauch ein Stück an der Magenwand entlanggewachsenen subumbrellaren Ektoderm. *Eleutheria dichotoma* bildet beiderlei Keimzellen nur im Brutraum und den direkt an ihn grenzenden Teilen der Subumbrellarschläuche aus. Die Geschlechtsprodukte entstehen im inneren Brutraumektoderm (Abb. 3, *Bre*), das sie bei ihrem Wachstum über sich emporwölben. Nach der Selbstbefruchtung beginnt noch zwischen Magendach und Brutraumektoderm oder schon nach Durchbrechung des inneren Brutraumektoderms im eigentlichen Brutraum die Entwicklung der typischen Planulalarven (*E*). Sie werden hier in einer Art von Brutpflege bis zu ihrer vollständigen Ausbildung beherbergt, worauf sie durch die Öffnungen der Subumbrellarschläuche in Freiheit gelangen. Vor allem bei sehr alten Medusen werden oftmals die Larven nicht mehr aus dem Brutraum entlassen, sondern durchlaufen in ihm auch die ersten Stadien der Metamorphose zum Polypen. Diese Entwicklung führt bis zu einem von Periderm umgebenen, kurzen Stolo, der, wenn er aus der Bruthöhle befreit wird, einen Hydranthen hervorbringen kann.

Außer auf geschlechtlichem Wege können sich die Medusen durch Knospung vermehren (s. Abb. 2 und 3, *Kna*). Sie erfolgt im Bereich des Ringkanals, wobei in jedem Interradius gleichzeitig nur eine Knospe entstehen kann. Bei älteren geschlechtsreifen Tieren wird die vegetative Fortpflanzung meist zugunsten der sexuellen unterdrückt.

2. *Cladonema radiatum*

Nach Dujardin (1845) entwickelt sich die befruchtete Eizelle ohne Ausbildung einer bewegungsfähigen Planula direkt zum Polypen. Durch lebhaftes Wachstum geht aus ihm eine Kolonie hervor, die sich in der ganzen Kulturschale ausbreitet. Lengerich (1923) unterscheidet eine „stoloniale", sich nur auf der Unterlage verzweigende und eine nach allen Richtungen „verzweigte" Wuchsform der *Cladonema radiatum*-Kolonie. Ich halte beide für identisch, denn in meinen Kulturen hoben sich die Stolonen bei ihrem Wachstum erst dann mit weiteren Verzweigungen von der Unterlage ab, wenn der Bewuchs zu dicht geworden war.

Der *Cladonema radiatum-Polyp* (Abb. 4) wird 0,5—1 mm lang. Um das aufgewölbte Peristom trägt er 4—5 Oraltentakel mit einem endständigen Nesselknopf. Dicht über der Basis des Hydranthen stehen 4—5 zarte, unbewehrte Basaltentakel. In der darüber gelegenen, schmalen

Knospungszone entwickeln sich die Medusenknospen einzeln ohne Ausbildung eines Gonostyls.

Die vom Polypen frisch abgelöste Meduse (Abb. 5) besitzt einen Schirmdurchmesser von etwa $^1/_2$ mm. Ihre meist 8 kurzen Tentakel sind an der Basis in einen oralen Haftast (Abb. 6, *Ha*) mit einem endständigen Haftballen und einem dicht mit Nesselwülsten (*Nw*) besetzten, aboralen Wehrast (*Wa*) gespalten. Schon nach einer Woche werden die Haftäste, wenige Tage später auch die Wehräste von ihrer Basis her durch Neuanlagen verdoppelt. Während die Meduse bis zu einem Durchmesser von 3—4 mm heranwächst, verzweigen sich ihre Wehräste weiterhin und werden etwa 7—9 mm lang. Auch die Zahl der kurzen Haftäste kann noch zunehmen;

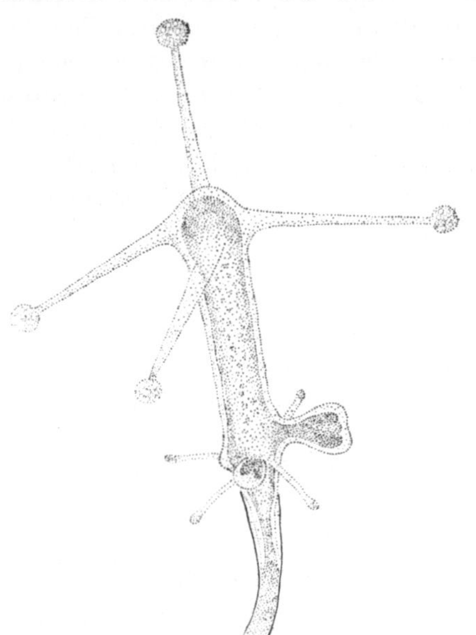

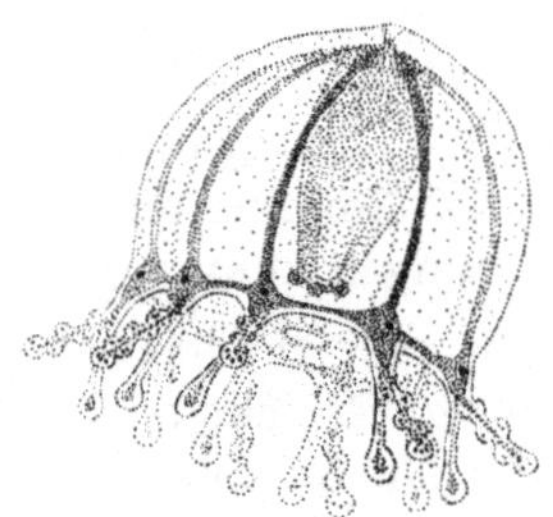

Abb. 4. *Cladonema radiatum*-Polyp mit 2 verschieden weit entwickelten Knospen und einer Knospenanlage. (Erläuterungen im Text.) Etwa 50 × vergr.

Abb. 5. *Cladonema radiatum*-Meduse kurz nach ihrer Ablösung vom Polypen. (Erläuterungen im Text.) Etwa 50 × vergr.

sie dienen der Meduse nur zum Sitzen, wenn sie ihre Wehräste seitlich zum Fang ausbreitet. Die Meduse bewegt sich nicht stelzend fort wie *Eleutheria*, sondern schwimmt durch Schirmkontraktionen, wobei alle Tentakel zusammengezogen bleiben. Der Schirm ist nur wenig breiter als hoch; er enthält eine dünne Gallertschicht (*Ga*). In der Höhe des Ringkanals (*Rgk*) kann das kontraktile Velum (*V*) die Glockenhöhle verschließen. Die Tentakelwurzeln, denen außen am Ringkanal je ein Ocellus (*Oc*) aufsitzt, tragen in ihrem Ektoderm ein ringförmiges Lager von I-Zellen und aus ihnen entstehenden Nesselkapseln (*Nkb*), die ständig in die zahlreichen Nesselwülste der Wehräste auswandern. Eine weitere Bildungsstätte für Nesselkapseln im Manubriumentoderm (*Nkb*) versorgt die Mundgriffel (*Mgf*), 5 kurz gestielte Nesselknöpfe am freien Ende des Manubriums. Bei älteren

Medusen treibt der Magen mehrere Ausweitungen in die Glockenhöhle vor, die Magensäcke (*Ms*). Im gesamten Ektoderm des Manubriums können sich Keimzellen (*Ooc*) entwickeln.

3. Campanularia johnstoni

Die Campanulariiden haben durch Bewimperung bewegliche Planula-larven, die sich mit ihrem Vorderende festsetzen und zu einem Primär-polypen auswachsen (KÜHN 1913). Sobald die stolonial sich ausbrei-

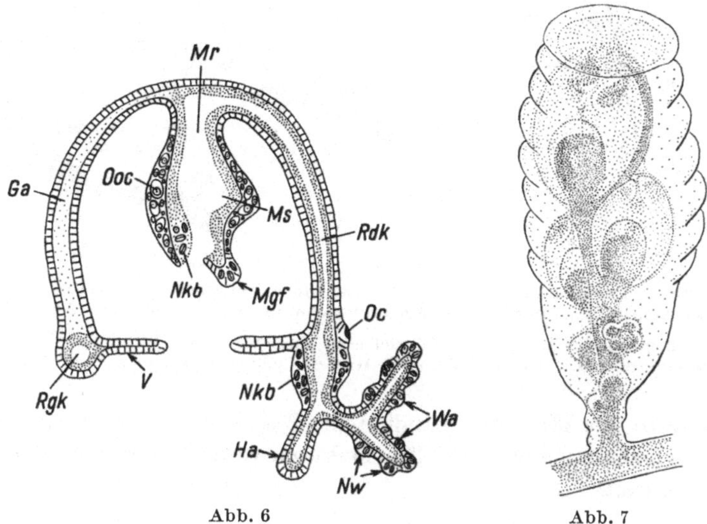

Abb. 6   Abb. 7

Abb. 6. Schematischer Längsschnitt durch eine ausgewachsene, weibliche *Cladonema radiatum*-Meduse. (Nach LENGERICH, verändert.) *Ga* Gallerte; *Ha* Haftast; *Mgf* Mund-griffel; *Ms* Magensack; *Nkb* Nesselkapselbildungslager; *Nw* Nesselwulst. Weitere Abkürzungen s. Abb. 3

Abb. 7. 3—4tägiges Gonangium von *Campanularia johnstoni* mit 4 Medusenknospen, von denen die älteste fast reif ist. (Erläuterungen im Text.) Etwa 50 × vergr.

tende Kolonie von *Campanularia johnstoni* aus einer größeren Anzahl von Hydranthen besteht, werden an den Stolonen in unregelmäßigen Abständen Gonangien ausgebildet (Abb. 7). Aus ihnen gehen sehr zarte Medusen hervor, die von 0,5 mm Durchmesser bis zu einer Größe von etwa 10 mm heranwachsen, wobei sie sich immer stärker abflachen. Die frisch ausgeschlüpfte Meduse (Abb. 8) besitzt 4 Radiärkanäle mit den Anlagen der Gonaden (Abb. 9, *Ooc*) und zunächst nur 4 Tentakel. Doch erkennt man am Ringkanal schon deutlich weitere 4 Tentakelanlagen in den Interradien, die 3—5 Tage später auswachsen und häufig auch die nächsten 4, die in jedem zweiten Oktanten liegen. Bei der älteren Meduse ist der Schirmrand in kleinen Abständen von vielen, langen Tentakeln besetzt; zwischen ihnen hängen Randbläschen mit Stato-

28*

cysten. Die im flachen Ektoderm des gesamten Tentakels (*T*) aufgestellten Nesselkapseln (*Nk*) werden aus den Bildungslagern (*Nkb*) ergänzt, die sich hauptsächlich im subumbrellaren Ektoderm der Tentakelwurzeln befinden. Dagegen erhält das Ektoderm an der Mundöffnung seine Nesselkapseln aus dem Manubriumentoderm (*Nkb*). Die gallertige Glocke

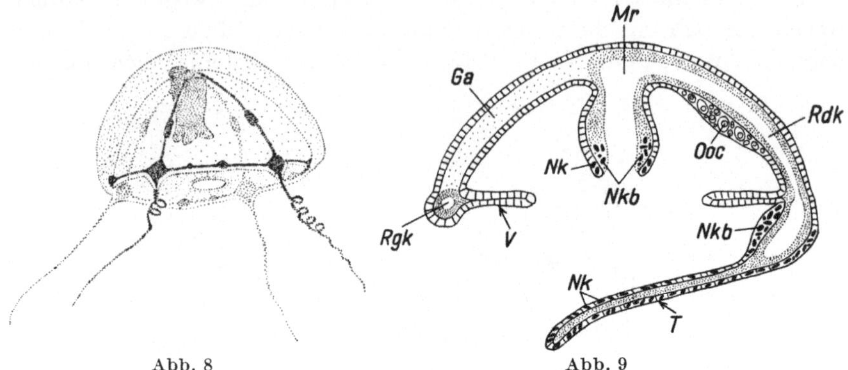

Abb. 8   Abb. 9

Abb. 8. Junge *Campanularia johnstoni*-Meduse mit 4 Tentakeln und weiteren Tentakelanlagen in den Interradien. (Erläuterungen im Text.) Etwa 50 × vergr.

Abb. 9. Schematischer Längsschnitt durch eine ausgewachsene, weibliche *Campanularia johnstoni*-Meduse. *Nk* Nesselkapsel. Weitere Abkürzungen s. Abb. 3 und 6

(*Ga*) kann in der Höhe des Ringkanals (*Rgk*) von dem kontraktilen Velum (*V*) verschlossen werden. Die Medusen werden nach etwa 3 Wochen geschlechtsreif.

IV. Entwicklung der Larve von Eleutheria dichotoma

Während die Eibildung von *Eleutheria dichotoma* schon seit langem bekannt ist (Müller 1908), wurde die Larvenentwicklung bisher noch nicht näher untersucht. Meine Befunde hierin stimmen in den Hauptzügen mit der allgemeinen Beschreibung der Larvenausbildung in Bruthöhlen überein, die Kühn (1913) gab. Ich möchte daher den Entwicklungsgang der *Eleutheria*-Larve nur kurz schildern und hauptsächlich auf die Rolle der I-Zellen dabei eingehen, deren Auftreten in Larven zwar beschrieben wurde (Brauer 1891 bei *Hydra*, Harm 1903 bei *Gonothyrea loveni*), deren Aufgaben man jedoch allgemein nicht weiter verfolgte.

Die *Eleutheria dichotoma*-Meduse bildet aus I-Zellen in ihrem Brutraumepithel (Abb. 3, *Bre*) eine große Anzahl von Keimzellen. Von den jungen Oocyten stellen die meisten ihr Wachstum nach kurzer Zeit ein und dienen nun der Ernährung der wenigen definitiven Eizellen (Abb. 10). Dabei bleiben sie immer von diesen gesondert und geben ihre Nährstoffe offenbar in gelöster Form an die Eizellen ab, ohne in direktem

Kontakt mit ihnen zu stehen. Ihre Kerne zeigen degenerative Veränderungen, ihr Plasma verringert sich, während die Eizelle aus den resorbierten Substanzen Dotter aufbaut und sich mächtig vergrößert (Abb. 11).

Bei allen Hydroiden verläuft die Entwicklung völlig undeterminiert. *Eleutheria* zeigt wie die meisten Arten eine totale und äquale Furchung, deren erste beiden Teilungsebenen meridional und senkrecht aufeinander liegen (Abb. 12), die dritte bildet sich in äquatorialer Richtung aus. Die Zahl der Chromosomen beträgt bei *Eleutheria dichotoma* wahrscheinlich $2n = 6$, vielleicht 8; nach MÜLLER (1908) höch-

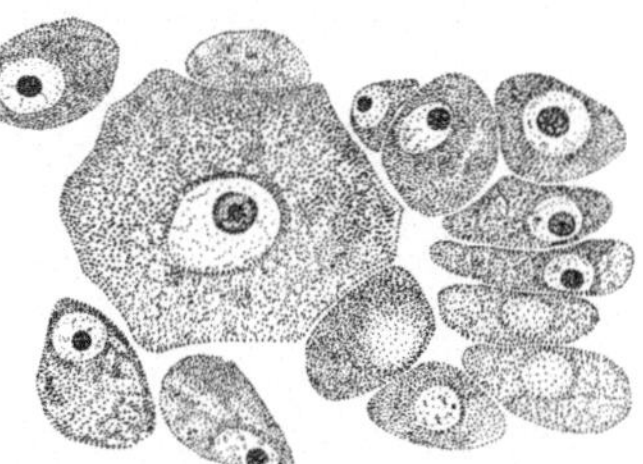

Abb. 10. Junge Oocyten von *Eleutheria dichotoma*, die bis auf eine definitive Eizelle ihr Wachstum einstellten und dieser als Nährzellen dienen. 700 × vergr.

stens 6. Schon im 16 Zellen-Stadium entsteht als kleiner Spalt die Furchungshöhle (Abb. 13). Die Zellteilungen erfolgen jetzt nicht mehr synchron. Wenn etwa 64 Zellen vorhanden sind, ist die Blastula fertig

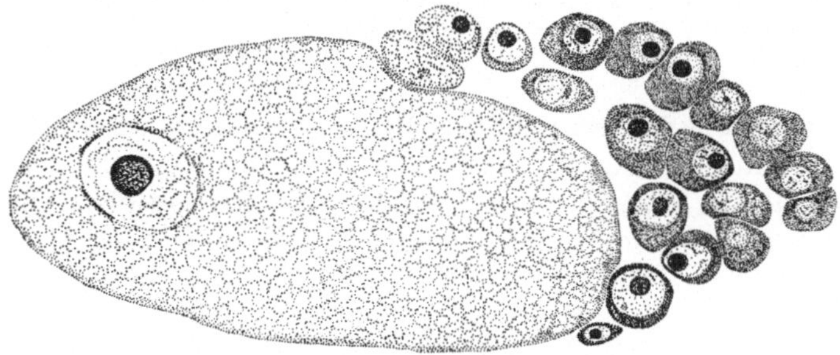

Abb. 11. Längsschnitt durch eine reife Eizelle von *Eleutheria dichotoma* mit degenerierenden Nährzellen. 700 × vergr.

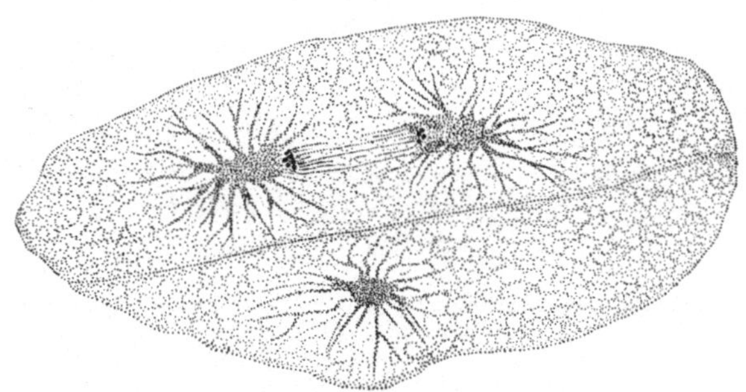

Abb. 12. Zweite Furchungsteilung bei *Eleutheria dichotoma*. Schrägschnitt. 700 × vergr.

entwickelt, und es beginnt die Entodermbildung. Sie erfolgt wie bei allen in Bruthöhlen entstehenden Hydroidenlarven durch multipolare Einwanderung (Abb. 14). Wandzellen wölben sich keulenförmig in das

Blastulainnere vor und ziehen dabei schließlich ihren Kern und ihr gesamtes Plasma aus der äußeren Zellage nach. Daneben teilen sich auch manche Blastodermzellen parallel zur Oberfläche des Keimes („primäre Delamination" nach METSCHNIKOFF).

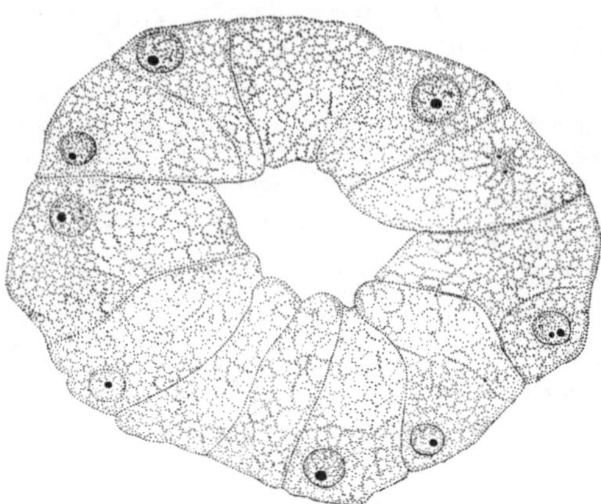

Abb. 13. Schnitt durch die junge Blastula von *Eleutheria dichotoma* etwa im 32 ZellenStadium. 700 × vergr.

Sobald der größte Teil der Furchungshöhle von lockerem Entodermmaterial erfüllt ist, treten in ihm erstmals deutlich erkennbare I-Zellen auf (Abb. 15, *IZ*). Diese besitzen um ihren durch einen dunklen Nukleolus ausgezeichneten, hellen Kern nur wenig, aber dafür besonders dichtes, stark basophiles Plasma, das ihre Unterscheidung selbst von den ebenfalls ziemlich dunkel gefärbten übrigen embryonalen Zellen einwandfrei ermöglicht. Ektoderm und Entoderm, die bisher keine histologische Sonderung erkennen ließen, sind jetzt voneinander zu unterscheiden. Die Zellen des Ektoderms werden durch lebhafte Teilungen senkrecht zur Ober-

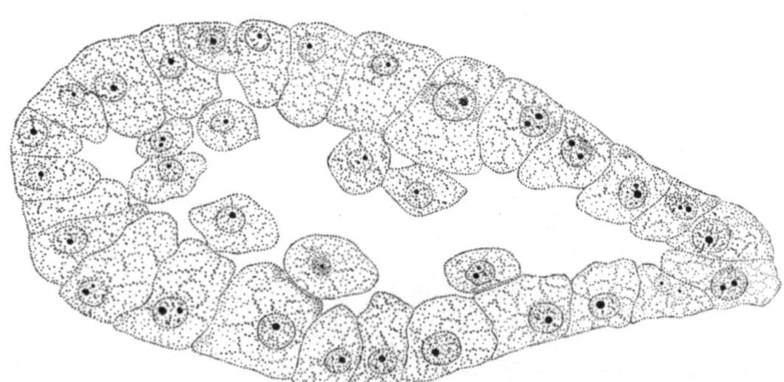

Abb. 14. Beginnende Entodermbildung in der Blastula von *Eleutheria dichotoma*. Längsschnitt. 700 × vergr.

fläche des Keimes immer schmäler, während die Entodermzellen noch polygonal aneinanderliegen. Sie füllen schließlich den gesamten Larvenhohlraum aus, so daß eine „Parenchymula" entsteht. Die I-Zellen vermehren sich wahrscheinlich sowohl durch Neubildung aus embryonalem Entoderm als auch durch Selbstteilung; sie beginnen schon bald mit der Ausbildung von Nesselzellen (Penetranten) (Abb. 16, *Nz*). Auch im Ektoderm treten jetzt verstreut die ersten I-Zellen auf.

Mit der Anhäufung von Nesselzellen im Entoderm schreitet zunächst im hinteren Larventeil die Bildung der Gastralhöhle voran, die immer mehr mit verschiedenen Stadien der Cnidenausbildung erfüllt wird (Abb. 17, *Nz*). Das Entoderm umgibt die Gastralhöhle mit einer einfachen Lage großer, kubischer Zellen, denen jedoch in der vorderen Hälfte (*Vp*) noch immer kleinere nach innen vorgelagert sind. Zwischen ihnen liegen viele I-Zellen. Die stark vermehrten Ekto-

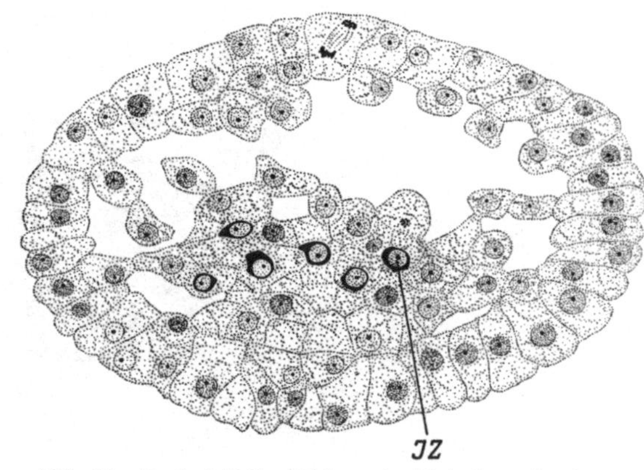

Abb. 15. Erste I-Zellenbildung im Entoderm der jungen Larve von *Eleutheria dichotoma*. *IZ* I-Zelle. 700 × vergr.

dermzellen sind am Vorderpol (*Vp*) besonders hoch: Hier fällt eine basale Reihe von Kernen auf, die den jetzt entstehenden schlauchförmigen Drüsenzellen zugehören. Die ausgebildete Planula (Abb. 18) ist durch diese mit der Giemsa-Lösung rot anfärbbaren Sekretzellen (*Skrz*) des Drüsenpols (*Vp*) gekennzeichnet. Im Inneren der Planula überwiegen die fertigen Nesselkapseln (*Nk*) über Bildungsstadien und I-Zellen. Die Cniden wandern nun in das sehr schmalzellige Ektoderm aus.

Bisher befand sich die Larve im Brutraum der

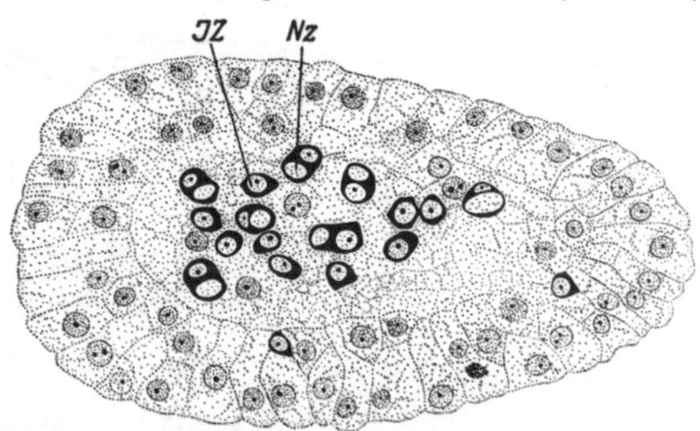

Abb. 16. Schnitt durch die Parenchymula von *Eleutheria dichotoma* mit Beginn der Nesselzellbildung aus I-Zellen im Entoderm und erstem Auftreten von I-Zellen im Ektoderm. *IZ* I-Zelle; *Nz* Nesselzelle. 700 × vergr.

Meduse, in den sie schon während der ersten Furchungsteilungen durch Zerreißen des inneren Brutraumepithels gelangt war. Normalerweise wird spätestens die voll ausgebildete Planula durch einen der Umbrellarschläuche aus dem Brutraum entlassen. Besonders bei sehr alten Medusen kommt es aber sehr häufig vor, daß die Planulalarven im Brutraum verbleiben. Sie wachsen hier in die Länge, umgeben sich mit Periderm und differenzieren sich histologisch weiter, ohne Tentakel und Mundöffnung

vollständig zu entwickeln. Diesem Umstand ist es zu verdanken, daß
mir auch Übergangsstadien von der Planula zum jungen Polypen für
die histologische Untersuchung zugänglich waren.

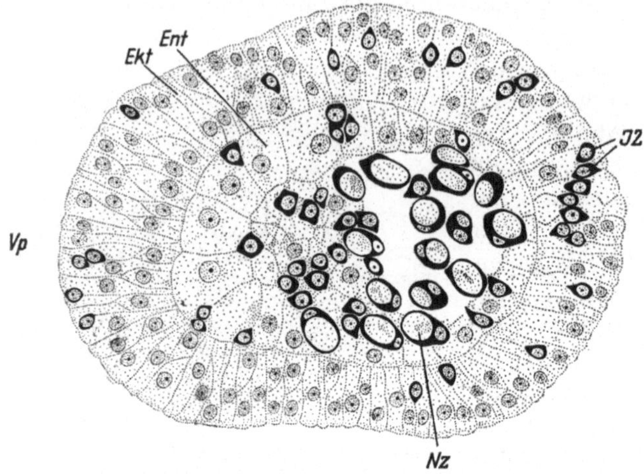

Abb. 17. Nesselzellen im Entoderm und der sich ausbildenden Gastralhöhle von *Eleutheria
dichotoma*; im Ektoderm des Vorderpols entstehen Drüsenzellen; Vermehrung der I-Zellen
in beiden Keimblättern. Längsschnitt. 700 × vergr. *Ekt* Ektoderm; *Ent* Entoderm;
IZ I-Zellen; *Nz* Nesselzelle; *Vp* Vorderpol

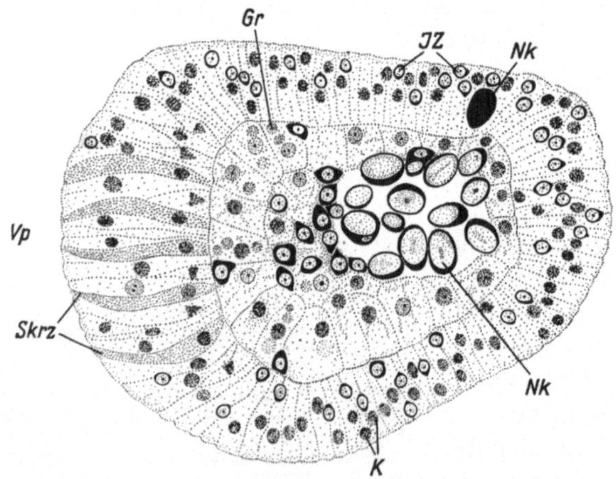

Abb. 18. Längsschnitt durch eine Planulalarve von *Eleutheria dichotoma*. Am Vorderpol
sind die Drüsenzellen ausgebildet. Nesselkapseln beginnen ins Ektoderm auszuwandern.
700 × vergr. *Gr* Granula von Stoffwechselprodukten; *IZ* I-Zellen; *K* Kerne;
Nk Nesselkapsel; *Skrz* Sekretzellen; *Vp* Vorderpol

Die freie Larve heftet sich mit Hilfe der Drüsenzellen ihres Vorderpols fest und streckt sich unter starker Abflachung ihrer Zellen in die
Länge. Dabei verschwinden die Sekretzellen, und im Ektoderm des Fest-
heftungspols sammeln sich nun I-Zellen und Nesselkapseln als erste

Anlage des Nesselkapselbildungslagers im Stolobereich des zukünftigen
Polypen. Das Entoderm füllt sich immer stärker mit den schon in
der jungen Planula vorkommenden, granulierten Stoffwechselprodukten
an (Abb. 18 und 19, *Gr*). Dazwischen finden sich auch noch einzelne
Nesselkapseln (*Nk*). In dem jetzt aufgerichteten Larvenende sammeln
und vermehren sich die I-Zellen in beiden Keimblättern, um das Peristom
(*Pera*) und die Tentakel (*Ta*) anzulegen (Abb. 19). Die aus I-Zellen
hervorgehenden Epithelzellen besitzen während ihres Wachstums zunächst noch die gleiche starke Färbbarkeit und den großen, hellen Kern

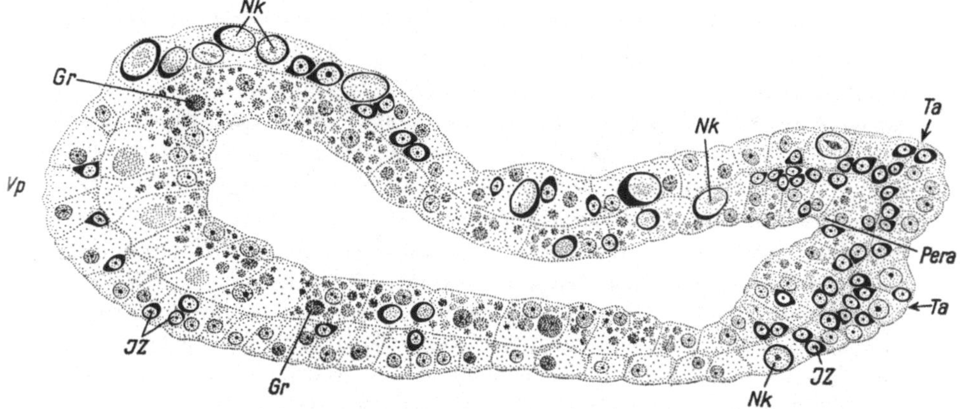

Abb. 19. Längsschnitt durch eine zum Polypen auswachsende Planula von *Eleutheria
dichotoma*. Peristom und Tentakel werden mit Hilfe von I-Zellen angelegt. Die Larve
liegt im Brutraum einer Meduse. 700 × vergr. *Pera* Peristomanlage; *Ta* Tentakelanlage.
Weitere Abkürzungen s. Abb. 18

wie diese und sind dadurch von dem umgebenden Gewebe zu unterscheiden. Im Entoderm des prospektiven Mundfeldes differenzieren
sich diese jungen Epithelzellen schließlich zusammen mit weiteren
I-Zellen in seine hohen, typischen Schleimzellen. Gleichzeitig beginnen
durch Vermehrung und basalwärts fortschreitende Differenzierung der
I-Zellen im umgebenden Ektoderm und Entoderm die Tentakel auszuwachsen. Innerhalb der Bruthöhle der Muttermeduse gelangt der
Polyp nur bis zu diesem Stadium seiner Ausbildung. Er umgibt sich
dann mit Periderm und wandelt sich in einen kurzen Stolo um. Nur
bei der normalen Entwicklung außerhalb des Brutraums werden die
Tentakel vollständig ausgebildet, und es bricht zwischen ihnen die Mundöffnung durch. Der junge Polyp ist damit fertiggestellt und wächst bei
guter Ernährung schnell heran. Im Laufe seiner Entwicklung nehmen
die I-Zellen des oralen Pols durch Aufbau des neuen Materials immer
mehr ab. Sie sind im ausgewachsenen Polypen nicht mehr vorhanden.

Die besondere Bedeutung der I-Zellen tritt also schon in der Larvenentwicklung deutlich hervor. Während der Ausbildung der Larve haben

sie neben den noch ganz jungen, teilungsfähigen Zellen der beiden Keimblätter nur die Aufgabe, Nesselzellen zu bilden. *Das Zellmaterial der fertigen Planulalarve ist dagegen so weitgehend differenziert, daß seine Umbildungs- und Teilungsfähigkeit immer mehr abnimmt und nun die I-Zellen als embryonale Reserve für Neubildungen zur Verfügung stehen müssen.*

V. Entwicklung der Medusenknospe am Polypen von Eleutheria dichotoma und Cladonema radiatum

A. Histologische Struktur und Verteilung der I-Zellen beim Polypen

Um das Verhalten des Zellmaterials bei der Knospenbildung zu beurteilen, ist es nötig, sich zuerst über die Gewebestruktur des ausgewachsenen Polypen ein klares Bild zu verschaffen (Abb. 20). Hydrorhiza und Hydrocaulus haben beide ein dickes Ektoderm mit schwer erkennbaren, wohl vielfach aufgelösten Zellgrenzen. Es ist voll mit I-Zellen (IZ) und allen Stadien der aus ihnen entstehenden Nesselzellen (Nz) (Penetranten). Aus diesem Reservoir wandern I-Zellen, Cnidoblasten und die ausdifferenzierte Nesselkapseln enthaltenden Cnidocyten zwischen den Ektodermzellen hindurch in den Hydranthen an die jeweiligen Verbrauchsorte. Das Ektoderm des gestreckten Hydranthen ist flach. Am Tentakelende verdickt es sich zu einem Wulst, in dem zwischen den Zellen die Nesselkapseln (Nk) aufgestellt werden.

Am basalen Ende des Hydranthen wird vom Ektoderm eine pseudochitinöse Hülle, das Periderm, abgeschieden (s. Abb. 20 und 27, Pd). Hier befindet sich bei *Eleutheria* ein Ring von ungefähr 6—8 Reihen besonders differenzierter Zellen (Abb. 27, Pdz). Sie sind sehr schmal und hoch und besitzen im Gegensatz zu den kleinen, oft länglichen, sehr dunklen Kernen des sonstigen Ektoderms große, runde, helle Kerne, wie sie in sezernierenden Zellen allgemein vorkommen. Diese Zellen sondern ein homogen aussehendes Sekret (S) ab; ihre äußeren Wände sind offenbar in vielen Fällen im Zusammenhang mit der Entleerung des Sekrets aufgelöst. Dieses häuft sich wulstig über dem Zellring, formiert sich zum Hydrocaulus hin über 2—3 weiteren Zellreihen zu einer gleichmäßig dicken Lage, die sich danach verdünnt, verfestigt und vom Ektoderm als Perisarcrohr abhebt.

Auch das Entoderm von Hydrocaulus und Hydrorhiza (also des Stolo) hat eine Depotfunktion für den Hydranthen, seine Zellen sind angefüllt mit Nahrungs- und Exkretgranula. Diese befinden sich im Hydranthen selbst nur und in weit schwächerem Maße im alleruntersten, an den Hydrocaulus angrenzenden Teil des Entoderms und in der darüberliegenden Knospungsregion (Abb. 20, Knr). Hauptsächlich in der oberen Hälfte des Hydranthen und im Hydrocaulus fallen im Entoderm vereinzelt Zellen auf, die prall mit sehr dunkel gefärbten Sekretgranula gefüllt sind. LENGERICH (1923) nennt sie im Gegensatz zu den „Freßzellen" des Entoderms „Sekretzellen" (Abb. 20, *Frz* und *Skrz*). Die großen, hellen Kerne des Entoderms liegen meist nahe an seiner freien Oberfläche. Die Entodermzellen der soliden Tentakel (*T*) sind geldrollenartig übereinandergeschichtet; ihre Kerne befinden sich in der Zellmitte. Das Peristom (*Per*) besitzt ein besonders hohes, zylindrisches Entoderm, in dem alle Kerne etwa gleich weit von der freien Oberfläche entfernt liegen. Vom Kern bis zum Magenraum sind diese Zellen (*Schlz*) von dunkelgefärbtem Sekret erfüllt. Sie entsprechen den um den Mund gelegenen Schleimzellen der Meduse. Der histologische Aufbau des *Cladonema radiatum*-Polypen gleicht vollständig dem hier für *Eleutheria dichotoma* beschriebenen.

Die I-Zellen liegen einzeln oder gehäuft zwischen den basalwärts verjüngten Ektodermzellen und der Stützlamelle mit den ihr anliegenden Muskelfibrillen (Abb. 26, *IZ*). Wie schon erwähnt, befindet sich die Hauptreserve der I-Zellen im Stolo (Abb. 20),

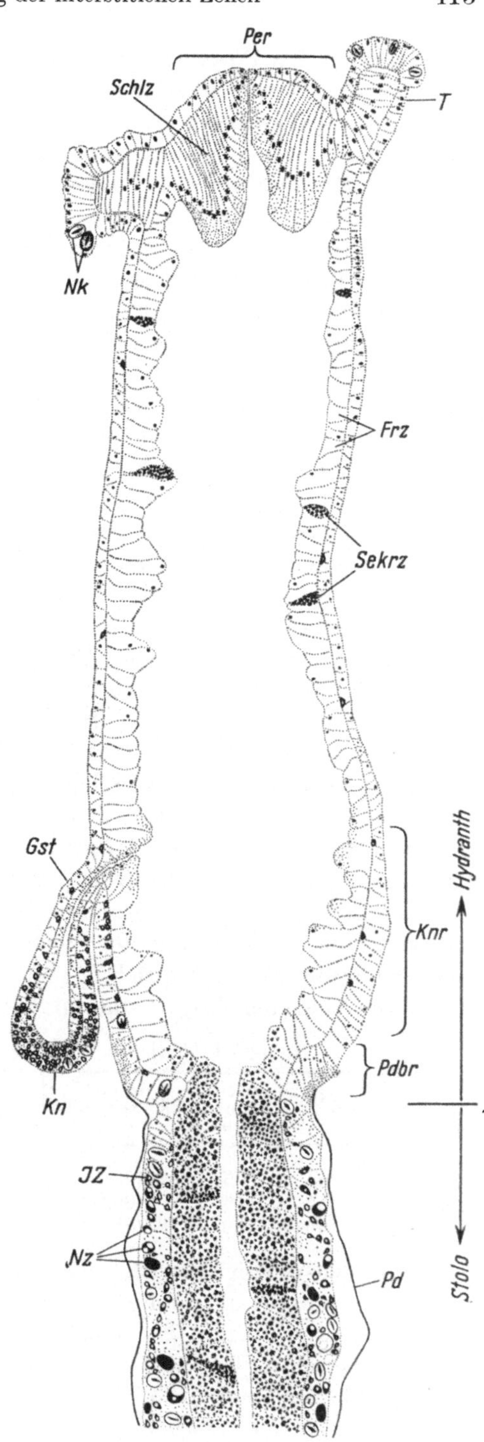

Abb. 20. Längsschnitt durch einen *Eleutheria dichotoma*-Polypen mit einer jungen Knospe. (Kombiniert aus drei Schnittpräparaten.) 200 × vergr. *Frz* Freßzelle; *Gst* Gonostyl; *IZ* I-Zelle; *Kn* Knospe; *Knr* Knospungsregion; *Nk* Nesselkapsel; *Nz* Nesselzellen; *Pd* Periderm; *Pdbr* Peridermbildungsregion; *Per* Peristom; *Schlz* Schleimzellen; *Skrz* Sekretzellen; *T* Tentakel

aus dem sie in den Polypen einwandern. Wenn den I-Zellen eine Bedeutung bei der Knospenbildung zukommt, müßten sie in knospenden Hydranthen in größerer Anzahl zu finden sein als in Polypen ohne Knospe, und zwar vor allem innerhalb der Knospungsregion nahe der Basis des Hydranthen (Abb. 1 und 20, *Knr*) vorkommen. Diese Zone nimmt ungefähr $^1/_5$ der Hydranthenlänge ein.

Auf meinen Schnittserien von *Eleutheria dichotoma*-Polypen habe ich die I-Zellen und Cniden von 15 Hydranthen mit und ohne Knospen durchgezählt. Peristom und Tentakel wurden hierbei nicht mit einbezogen. Sie enthalten neben den verbrauchsfertigen Nesselkapseln nur äußerst selten vereinzelte I-Zellen. Am klarsten waren die Ergebnisse bei Querschnittserien durch die Hydranthen, da aus ihnen die Verteilung der I-Zellen direkt abgelesen werden konnte. In dem allgemein nur schwach angefärbten Gewebe des Polypen waren die kräftig blauen I-Zellen im Schnitt sehr deutlich zu sehen und gut zu zählen. Bei der Schnittdicke von 5—7 μ ließ sich jede einzelne I-Zelle einwandfrei erkennen. Sie sind bei allen von mir untersuchten Arten 3—5 μ dick und 5—9 μ lang. Durch das relativ seltene Vorkommen der I-Zellen auf den einzelnen Schnitten konnte ein Lagevergleich mit den folgenden Präparaten Doppelzählungen der I-Zellen und Cniden verhindern.

Die Zahl der I-Zellen schwankt in den 15 untersuchten Hydranthen zwischen 5 und 159. Die 5 Hydranthen ohne Knospen enthielten 5, 9, 15, 34 und 58 I-Zellen. In den 10 Hydranthen mit Knospen fanden sich dagegen bei 9 über 50 I-Zellen (50, 52, 61, 65, 82, 93, 95, 116, 159), bei einem allerdings nur 16. Trotzdem besteht *ein klarer Unterschied zwischen Hydranthen mit (Mittelwert 79 I-Zellen) und ohne Knospe (Mittelwert 24 I-Zellen)* (P-Wert = 0,013).

Bei 3 Hydranthen, die besonders genau quer geschnitten waren und daher für die Feststellung der Verteilung der I-Zellen herangezogen werden konnten, befanden sich *60—80% der I-Zellen in der Knospungszone.* Die einzelnen Werte sind in Tabelle 1 aufgeführt.

Tabelle 1. *Verteilung der I-Zellen im Hydranthen*

Polyp Nr.	Gesamtzahl	In der Knospungszone	Darunter	Darüber
64	95	60 (63%)	23 (24%)	12 (13%)
65$_1$	116	70 (60,5%)	3 (2,5%)	43 (37%)
66	50	40 (80%)	2 (4%)	8 (16%)

Bemerkenswert ist hierbei noch, daß die Anzahl der Cniden, die aus dem Stolo teils in die Tentakel, teils in die Knospen einwandern, im allgemeinen der Anzahl der I-Zellen im Hydranthen größenordnungsmäßig entspricht. Der Mittelwert beträgt bei den 15 Hydranthen für I-Zellen 61, für Cniden 55.

B. Entwicklung der Medusenknospe am Polypen

Die Entwicklung der Knospe an den Polypen von *Eleutheria dichotoma*
und *Cladonema radiatum* stimmt so weitgehend überein, daß sie im
folgenden gemeinsam beschrieben werden soll. Bei *Eleutheria dichotoma*
dauert die Ausbildung der Meduse ungefähr eine Woche, bei *Cladonema
radiatum* dagegen 10—12 Tage.

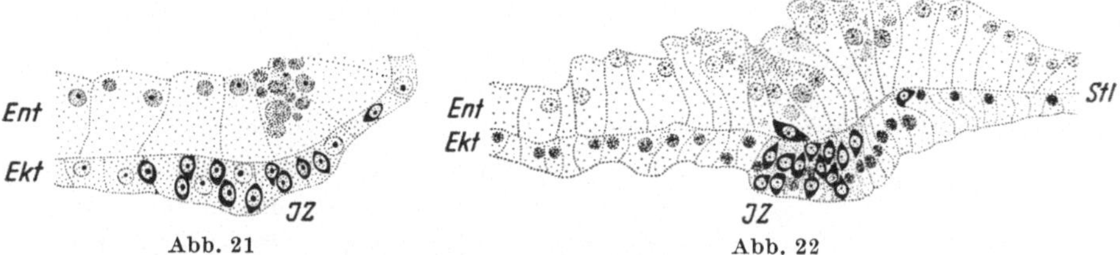

Abb. 21   Abb. 22

Abb. 21. I-Zellenansammlung im Ektoderm des *Cladonema radiatum*-Polypen zu Beginn
der Knospenbildung. 450 × vergr. Abkürzungen s. Abb. 22

Abb. 22. Beginn der Bildung einer Primärmedusenknospe am Polypen von *Eleutheria
dichotoma*. Eine I-Zelle ist aus der I-Zellenansammlung im Ektoderm durch die Stützlamelle in das Entoderm eingewandert. 450 × vergr. *Ent* Entoderm; *Ekt* Ektoderm;
IZ I-Zellen; *Stl* Stützlamelle

Die allererste Anlage einer Knospe besteht aus einer ungeordneten
Ansammlung von I-Zellen im Ektoderm des Polypen (Abb. 21), die sich
zwischen die Ektodermzellen schieben und durch ihre weitere Vermehrung das Ektoderm an dieser Stelle verdicken. Sobald hier durch Ein-

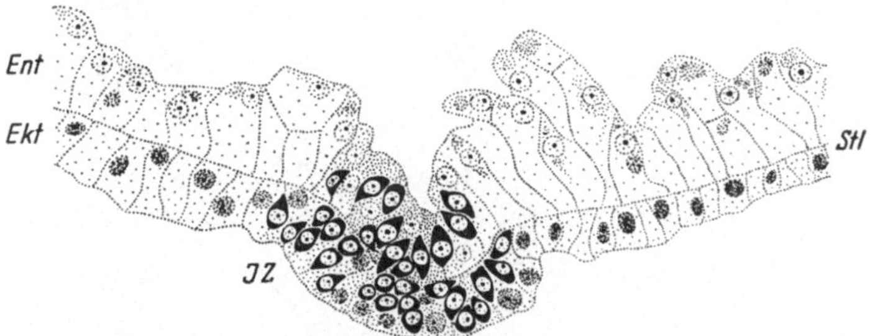

Abb. 23. Die Anlage der Primärmedusenknospe von *Eleutheria dichotoma* beginnt durch
Differenzierung eines Teils der I-Zellen auszuwachsen. Weitere I-Zellen wandern im Zen-
trum der Knospenanlage durch die Stützlamelle ins Entoderm ein. 450 × vergr.
Abkürzungen s. Abb. 22

wanderung aus dem Polypen und durch Teilung eine genügend große
Anzahl von I-Zellen vorhanden und damit das Ausgangsmaterial für
die Knospenbildung angesammelt ist, beginnt die eigentliche Entwicklung der Medusenknospe.

I-Zellen wandern nun aus dem Ektoderm in das Entoderm ein. Zuerst schieben sich nur einzelne im Zentrum der Knospenanlage durch
die Stützlamelle (Abb. 22). Ihnen folgen aber immer mehr, so daß die

Stützlamelle zeitweilig im zentralen Bereich der jungen Knospe aufgelöst wird (Abb. 23 und 25, *Stl*). Auf diese Weise wird auch das Entoderm im Knospungsbereich von I-Zellen
durchsetzt. Sie differenzieren sich in beiden
Keimblättern zum Teil zu Ektoderm- bzw.
Entodermzellen, wodurch sich die Knospenanlage langsam vorwölbt (Abb. 23 und 24).
Im ganzen Knospenektoderm bleibt der
größere Teil der I-Zellen als zusammenhängende Schicht vorerst unverändert liegen
(Abb. 23—25). Dagegen schreitet die Differenzierung der I-Zellen des Entoderms viel
schneller, und zwar von der Basis zur Spitze
fort, und nur einzelne von ihnen bleiben dazwischen unverändert. Mit zunehmender
Entfernung von der Knospenoberfläche differenzieren sich also die I-Zellen zu Entodermzellen. Dies zeigt vor allem Abb. 25 (*Ent*).

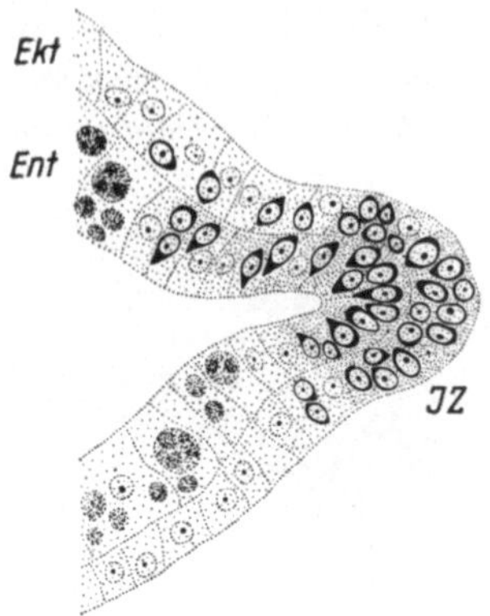

Abb. 24. Vergrößerung der
Knospenanlage von *Cladonema
radiatum*. 450 × vergr.
Abkürzungen s. Abb. 22

Das Knospenentoderm besteht nur aus ganz kleinen, sehr kompakten
und dunkel gefärbten Zellen, die noch ihre Abstammung von I-Zellen ver-

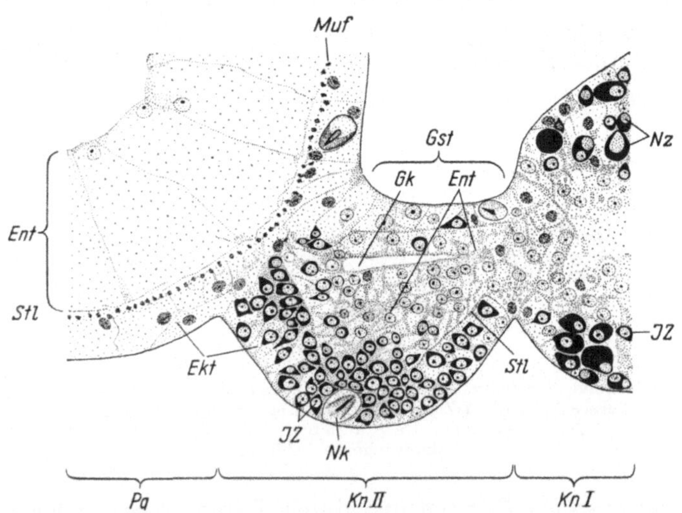

Abb. 25. Längsschnitt durch eine Knospenanlage von *Eleutheria dichotoma*, die am Gonostyl einer älteren Primärmedusenknospe entsteht. I-Zellen wandern durch die Stützlamelle
und differenzieren sich zu Entodermzellen. 450 × vergr. *Gk* Gonostylkanal (Verbindung
zwischen Polypen- und Knospenhohlraum); *Gst* Gonostyl; *Kn I* Primärmedusenknospe;
Kn II Knospenanlage; *Muf* Muskelfibrillen; *Nk* Nesselkapsel; *Nz* Nesselzellen;
Pq Polyp, quer. Weitere Abkürzungen s. Abb. 22

raten. Auch im Ektoderm liegen die I-Zellen zwischen gerade differenzierten Zellen, die am prospektiv oralen Knospenende noch stark em-

bryonalen Charakter haben und daher hier kaum von den I-Zellen zu
unterscheiden sind. In dieser ersten Knospenvorwölbung liegen im
Ektoderm schon fertige Nesselkapseln, die aus dem Polypen stammen
(Abb. 25). Die Knospenanlage, aus der ein Längsschnitt in Abb. 25
dargestellt ist, enthält bereits 200—250 I-Zellen. Sie entwickelt sich
am Gonostyl (*Gst*) einer älteren
Knospe (*Kn I*).

Die Frage, ob die I-Zellen
wirklich vom Hydrocaulus her
zuwandern und das Material
für die Knospenbildung liefern, wird noch durch andere
Schnittpräparate beantwortet.
Schon die Auszählung der I-
Zellen im ganzen Hydranthen
zeigte ja, daß die Knospungszone immer besonders reich
an I-Zellen ist (s. Tabelle 1).
Außerdem ist auf manchen
Schnitten *eine massive Ansammlung von I-Zellen unterhalb des Gonostyls* zu bemerken.
Hier kann zwischen den Ektodermzellen eine ganze Platte
dicht nebeneinander liegen-
der I-Zellen vorkommen. Bei
einem Polypen fand ich direkt
unterhalb des Gonostyls, der
eine junge Knospe mit der
allerersten Tentakelanlage
trug, ungefähr die Hälfte der
159 im ganzen Hydranthen
vorhandenen I-Zellen. Einen
dicht unter dem Gonostyl-

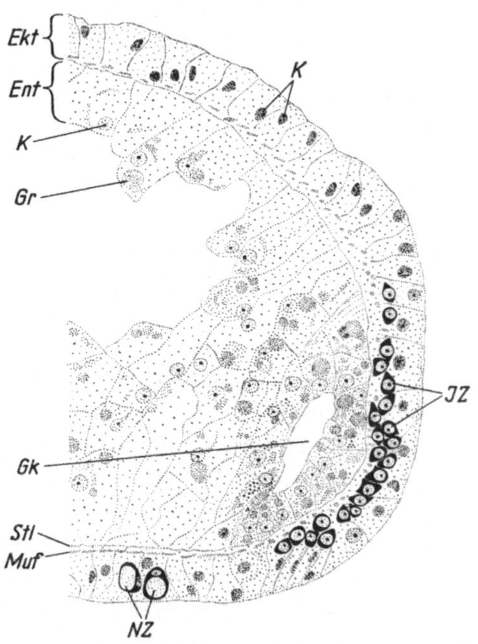

Abb. 26. Querschnitt (etwas schräg) durch die
Knospungsregion eines *Eleutheria dichotoma*-
Polypen unmittelbar unterhalb des Gonostylan-
satzes mit einer Anhäufung von I-Zellen, die sich
auf der Wanderung zur Knospe befinden. Der
Gonostylkanal verläuft hier schräg nach unten
zum Polypenhohlraum. 450 × vergr. *Gk* Gonostylkanal; *Gr* Nahrungs- und Exkretgranula;
K Zellkerne; *Muf* Muskelfibrillen; *Nz* Nesselzellen. Weitere Abkürzungen s. Abb. 22

ansatz liegenden Querschnitt durch diesen Polypen zeigt Abb. 26. Obgleich sich auch unter einer großen Knospe noch immer eine Ansammlung von I-Zellen im Polypen befindet, ist es nicht sehr wahrscheinlich,
daß jede am Aufbau sich beteiligende I-Zelle vom Polypen her einwandert.
Vielmehr werden sich die I-Zellen in der Knospe lebhaft teilen, bevor
sie sich differenzieren. Leider konnte ich keine Mitosen feststellen. Zahl-
reiche Mitosen der I-Zellen wurden aber von vielen Autoren beobachtet
und von McCONNEL (1936) eingehend beschrieben. Nach McCONNEL
findet die Vermehrung der I-Zellen hauptsächlich vor einer Periode
sexueller Aktivität und vor und während der Knospenbildung statt.

Von I-Zellen zu differenzierten Zellen findet man in der jungen Knospe kontinuierliche Übergänge. Als erste Stufe der Umwandlung liegen vor allem im freien Ende der Knospe zwischen den vielen dort vorhandenen I-Zellen und von diesen meist überdeckt, kleine, fast so stark wie I-Zellen färbbare, großkernige, aber sonst typisch geformte Epithelzellen. Auch die schon etwas weiter differenzierten Ektoderm- und Entodermzellen sind noch nicht histologisch, sondern zunächst nur durch ihre Lage zur Stützlamelle zu unterscheiden. Beide sind klein und kompakt und enthalten einen großen, hellen Kern mit dunklem Nukleolus. Eine histologische Unterscheidung der beiden Keimblätter in der jungen Knospe ist erst dort möglich, wo sich die Entodermzellen mit Nahrungs- und Exkretstoffen beladen. Durch die von der Basis der Knospe her sich weiter ausbreitende Differenzierung wächst die Knospe in die Länge. Ihre Zellen umhüllen jetzt einen birnförmigen Hohlraum, der, bei *Eleutheria* durch den Gonostylkanal (Abb. 26 und 27, *Gk*), mit dem Gastralraum des Polypen in Verbindung steht. Zwischen die Ektodermzellen wandern weitere I-Zellen und Cnidoblasten vom Polypen her ein. Die I-Zellen lagern noch immer im Ektoderm der ganzen Knospe, sind aber an ihrem freien Ende besonders stark gehäuft.

Schon auf diesem Stadium sondert sich das Material des Glockenkerns ab, das zuerst nur aus einzelnen, tropfen- oder spindelförmigen, typischen I-Zellen besteht (s. Abb. 27, *Glk*). Darunter liegt eine einschichtige Reihe von I-Zellen, welche die Spadixplatte bilden. Sie setzt sich in prospektiv aboraler Richtung in das bereits differenzierte Entoderm des künftigen Magendachs fort. Kühn (1913) nahm bei den Hydrozoen allgemein eine Knospenbildung aus den differenzierten Zellen der beiden Keimblätter an. Ihm war allein für *Hydra* die Knospenentstehung aus I-Zellen bekannt (Hadzi 1910). Nach Kühn (1910) senkt sich das Knospenkuppenepithel in die Tiefe und bildet, nachdem sich das Außenektoderm wieder über ihm schloß, den Glockenkern und schließlich die Glockenhöhle. Im Gegensatz dazu *entsteht bei allen hier untersuchten Arten der Glockenkern aus einzelnen I-Zellen*, die sich an der Basis des Ektoderms vermehren und sich dabei zu einer kompakten Schicht anordnen, was mit den Ergebnissen Boulengers (1910) übereinstimmt. Dieser Vorgang entspricht der Beschreibung Goettes (1907), obgleich auch er die I-Zellen nicht erwähnt. Nach ihm ist es eine „tiefere Schicht des ursprünglichen Ektoderms am Scheitel der Knospe", die sich zum Glockenkern abspaltet, wobei das Außenektoderm niemals unterbrochen wird. Die weitere Differenzierung des Glockenkerns wie auch der ganzen Knospe erfolgt grundsätzlich in der von Kühn (1913) beschriebenen Weise.

Jetzt erst setzt sich bei *Eleutheria* der Stiel, der den Polypen mit der sich entwickelnden Meduse verbindet, deutlich von der eigentlichen

Knospe ab und kann als Gonostyl (*Gst*) bezeichnet werden (Abb. 27).
Das Ektoderm des Gonostyls und des an ihn anschließenden Knospen-
bereichs enthält nur noch wenige I-Zellen (*IZ*) und Cniden (*Nz*), die

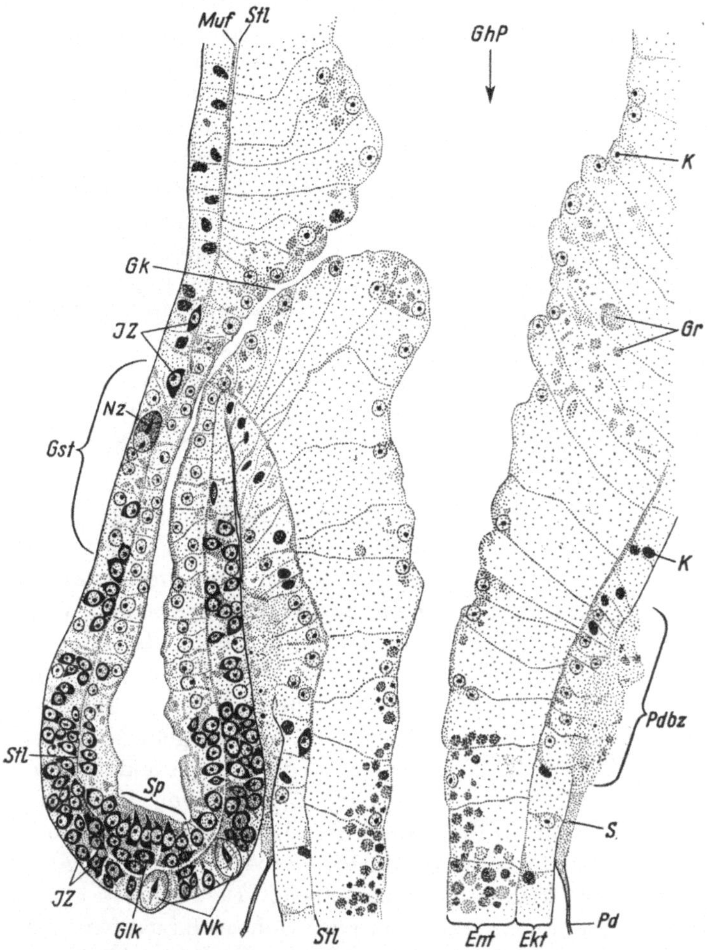

Abb. 27. Längsschnitt durch die Knospungsregion und die Bildungszone des Periderms
eines Polypen von *Eleutheria dichotoma*. Der Gonostyl ist ausgebildet, im prospektiv oralen
Teil der jungen Knospe sammeln sich an der Basis des Ektoderms I-Zellen und formieren
sich zur Glockenkernanlage. (Zeichnung aus einer Schnittserie kombiniert.) 450 × vergr.
GhP Gastralhöhle des Polypen; *Gk* Gonostylkanal; *Glk* Glockenkern; *Gst* Gonostyl; *Nk*
Nesselkapseln; *Pd* Periderm; *Pdz* Peridermbildungszellen; *S* Sekret; *Sp* Spadix. Weitere
Abkürzungen s. Abb. 26

sich auf der Durchwanderung zu dem dicht von I-Zellen erfüllten Ektoderm des Hauptteils der Knospe befinden. Im Entoderm liegen im prospektiv aboralen Bereich gar keine I-Zellen mehr, dagegen sind sie in
der Spadixregion noch zahlreich vorhanden, und der Spadix (*Sp*) selbst

ist kaum differenziert. Die Anzahl der Glockenkernzellen (*Glk*) ist noch
sehr gering. Sie vermehren sich offenbar durch Teilung wie durch Zu-
wanderung vom Ektoderm her, was aus Bildern wie Abb. 28 zu entneh-
men ist. Hier haben sich die stark vergrößerten I-Zellen des Glockenkerns (*Glk*) zu einer einschichtigen Lage angeordnet, an die sich vom
Ektoderm her einwandernde kleinere I-Zellen anlagern.

Das Entoderm wird zuerst im Bereich des Magendachs völlig ausdifferenziert. Dies zeigt sich daran, daß es hier ebenso wie im Gonostyl
Nahrungs- und Exkretstoffe zu speichern
beginnt (Abb. 28, *Gr*). Im Ektoderm werden jetzt fast überall als äußerste Lage
die Kerne der differenzierten Zellen sicht-
bar. Zwischen ihnen liegt auch jetzt noch
eine sehr dichte Schicht von I-Zellen. Sie
pressen sich fast überall in mehreren
Lagen übereinander zwischen die Ektodermzellen ein. Dadurch wirkt das Ektoderm im Gegensatz zum Entoderm mehr-
schichtig.

Bei *Cladonema* sitzt die Knospe dem
Polypen bis zu ihrer Fertigstellung direkt
an (Abb. 28). Für *Eleutheria* wurde aus
dem bisher beschriebenen Verlauf der
Knospung deutlich, daß der Gonostyl
von der Knospe erst im Laufe ihrer Entwicklung morphologisch abzugrenzen ist.
Auch der Gonostyl geht also aus I-Zellen
hervor. Jede Knospe bildet ihren eigenen
Gonostyl aus. Ist schon ein Hauptgonostyl

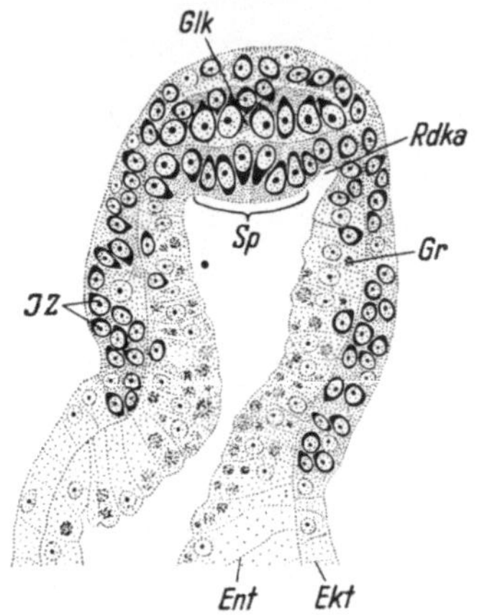

Abb. 28. *Cladonema radiatum*,
die Glockenkernzellen haben sich
vergrößert und zu einer einschichtigen Lage angeordnet, an die vom
Ektoderm her weitere I-Zellen
wandern; die Radiärkanäle beginnen auszuwachsen. 450 × vergr.
Gr Granula der Stoffwechselpro-
dukte; *Rdka* Radiärkanalanlage.
Weitere Abkürzungen s. Abb. 27

vorhanden, entsteht an ihm eine kurze Verzweigung (s. Abb. 25, *Gst*).
Abb. 29 zeigt den Gonostylansatz im Entoderm eines jungen Polypen
mit einer ersten, kleinen Knospenanlage. Der Schnitt verläuft sehr
schräg, es ist aber zu erkennen, daß der Gonostylkanal (*Gk*) von jungen
Zellen mit großem, hellem Kern und wenig dunklem Plasma umgeben
ist. Neben ihm liegen sogar noch mehrere I-Zellen im Entoderm. Dies
wird im Vergleich mit Abb. 23 noch verständlicher. Ein Schnitt, der
senkrecht zu dem hier gezeichneten unterhalb der Stützlamelle verliefe,
würde ein ähnliches Bild ergeben. Die weitere Entwicklung des Gonostyl-
kanalentoderms zeigt Abb. 26. Hier sind seine Zellen noch relativ klein
und besonders dicht von Nähr- und Exkretstoffen erfüllt. Sie heben
sich dadurch von dem umgebenden Entoderm ab, obwohl dies in der
Knospungsregion ebenfalls, aber in geringerem Maße mit solchen Stoffen
beladen ist.

Auf diesem Stadium ist die Körpergrundgestalt voll ausgebildet, und mit dem weiteren Verlauf der Entwicklung setzt nun die Organdifferenzierung der Meduse ein.

Schon auf der in Abb. 28 dargestellten Entwicklungsstufe beginnt die Bildung der Radiärkanäle (*Rdka*). Das Entoderm buchtet sich an je nach primärer Tentakelzahl verschieden vielen Stellen rings um die Spadixplatte zipflig aus, und dünne Entodermschläuche wachsen um den Glockenkern empor. Dieser vergrößert sich gleichzeitig durch lebhafte Zellvermehrung und differenziert sich in 2 Epithelien, die auseinanderweichen und zwischen sich die Glockenhöhle formen. Dabei wird

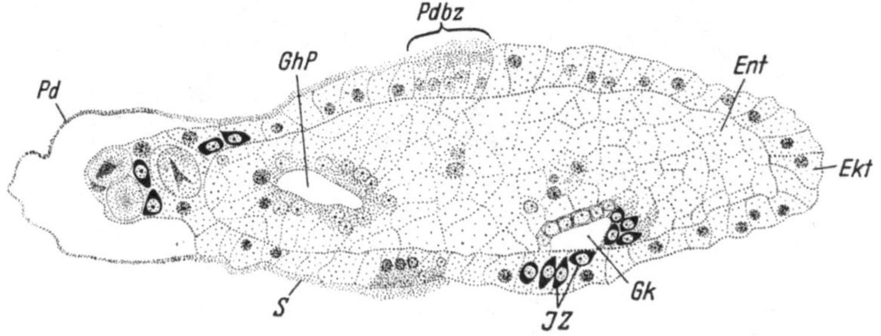

Abb. 29. Schrägschnitt durch einen jungen Polypen von *Eleutheria dichotoma* unterhalb einer kleinen Knospenanlage. Der Gonostylkanal ist von ganz jungen Entodermzellen und I-Zellen umgeben. 450 × vergr. *GhP* Gastralhöhle des Polypen; *Gk* Gonostylkanal; *Pd* Periderm. Weitere Abkürzungen s. Abb. 27

die Spadixplatte in den inneren Knospenhohlraum hineingedrängt. Die weitere Verlängerung der Radiärkanäle erfolgt hauptsächlich dadurch, daß sich die Glockenhöhle in den Knospenhohlraum hinein entwickelt und ihn schließlich bis auf die Radiärkanäle und den Magenraum einengt. Schon zu Beginn dieses Vorgangs fangen die undifferenzierten Zellen der Spadixplatte (*Sp*) an, sich zu teilen und sich damit zur Manubriumanlage zu entwickeln. Dies ist ein besonders klarer Beweis dafür, *daß nicht nur die Knospenanlage als Ganzes ausschließlich aus I-Zellen entsteht, sondern daß auch die verschiedenen Organe der Knospe aus einzelnen Blastemen eigens dafür bereitstehender I-Zellen gebildet werden.* Außerhalb der Manubriumanlage und der Radiärkanalspitzen sind jetzt I-Zellen im Entoderm nur noch vereinzelt festzustellen. Das Ektoderm ist im späteren Exumbrellabereich (Abb. 30, *Ex*) sehr großzellig und so dicht mit I-Zellen, Cnidoblasten und Cnidocyten (*Nz*) erfüllt, daß, ebenso wie im Ektoderm des Stolo, die Ektodermzellen zwischen ihnen kaum erkennbar sind. Diese Anhäufung stellt ein provisorisches Reservoir an I-Zellen und Cniden dar, dessen Material später bei *Eleutheria* in die Nesselringanlage, bei *Cladomena* in die Tentakelwurzeln einwandert. In der erst sehr wenig differenzierten Wand der Glockenhöhle (*Glh*) liegen nur noch einzelne I-Zellen, das äußere Ektoderm des prospektiv oralen Knospenendes ist dagegen zwischen den kleinen, differenzierten Zellen noch stark mit I-Zellen durchsetzt.

Das Auswachsen des Manubriums geht mit der Vergrößerung der Glockenhöhle einher, die sich auf Kosten des inneren Knospenhohlraums kappenförmig um das Manubrium herum ausdehnt (Abb. 30, *Glh*). Das innere Blatt der Glockenhöhle wird zum Manubriumektoderm, das äußere Blatt liegt dem Außenektoderm an und bildet mit ihm zusammen das Velum (*V*). In der

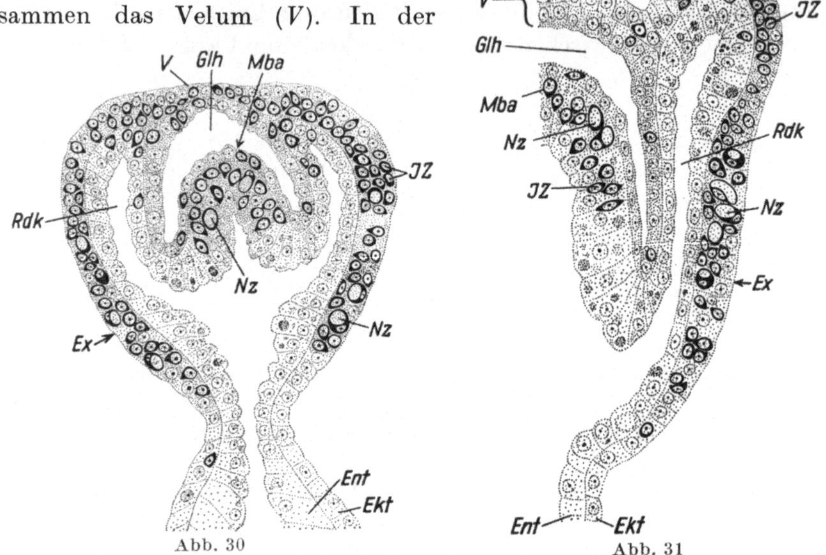

Abb. 30. *Cladonema radiatum*, in die sich vergrößernde Glockenhöhle wächst das Manubrium vor; in seinem Entoderm wird ein Lager von Nesselkapseln angelegt. 450 × vergr. *Ekt* Ektoderm; *Ent* Entoderm; *Ex* Exumbrella; *Glh* Glockenhöhle; *IZ* I-Zellen; *Mba* Manubriumanlage; *Nz* Nesselzelle; *Rdk* Radiärkanal; *V* Velum

Abb. 31. Längsschnitt durch die eine Hälfte einer *Cladonema radiatum*-Knospe, bei der sich die Tentakel zu bilden beginnen. 450 × vergr. *Ta* Tentakelanlage. Weitere Abkürzungen s. Abb. 30

Manubriumanlage (*Mba*) liegt noch eine große Anzahl von I-Zellen bereit, die das bei der Differenzierung des Manubriums benötigte Material liefern. Bei *Cladonema* bilden sie außerdem das Nesselkapselbildungslager (*Nz*) im Manubriumentoderm. Die Glocke der ausgewachsenen *Eleutheria*-Meduse ist wesentlich schwächer ausgebildet als die von *Cladonema*. Daher bleiben bei ihr die Radiärkanäle sehr kurz, und die Glockenhöhle und das Manubrium sind noch viel flacher als bei *Cladonema*, wenn sich nun als Fortsetzung der Radiärkanäle Entoderm und Ektoderm gemeinsam zur Anlage der Tentakel ausstülpen (vgl. Abb. 31 und 32). Wahrscheinlich ist hierdurch die kürzere Entwicklungsdauer der *Eleutheria*-Meduse zu erklären. In den Tentakelanlagen befinden sich jetzt schon einige Nesselkapseln.

Damit ist die Knospenentwicklung bis zu dem Stadium fortgeschritten, das auf den Abb. 31 und 32 wiedergegeben ist. Bei *Eleutheria* schieben sich zwischen die beiden Velumschichten (*V*) aus dem besonders reich gefüllten Lager in der Exumbrella I-Zellen und Cniden ein und bilden die erste Anlage des Nesselrings (*Nrga*). Im Magen und in der Manubriumanlage (*Mba*) vergrößern sich die Entodermzellen, in den Radiärkanälen und in den Tentakelanlagen (*Ta*) sind sie erst wenig

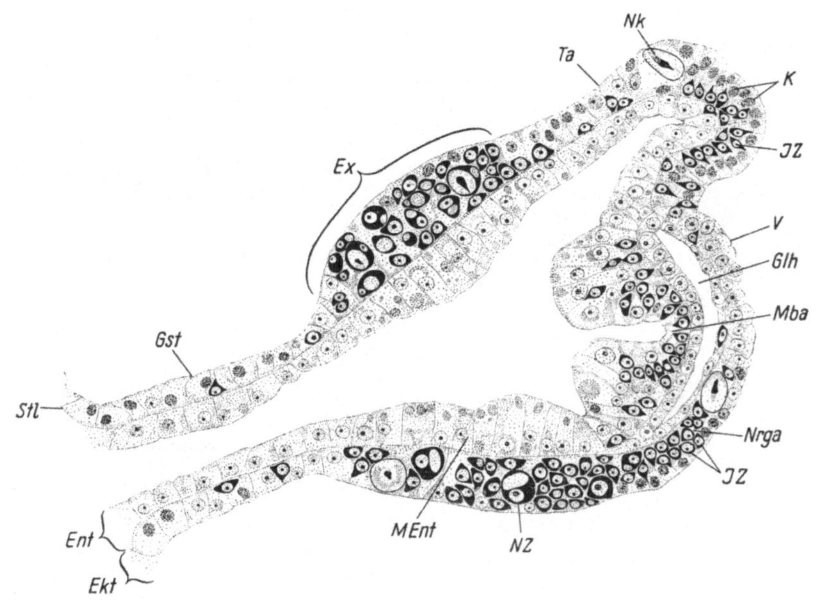

Abb. 32. Längsschnitt durch eine ältere Primärmedusenknospe von *Eleutheria dichotoma*. Am Tentakel ist die erste Andeutung einer Gabelung zu erkennen. (Zeichnung aus einer Schnittserie kombiniert.) 450 × vergr. *Gst* Gonostyl; *MEnt* Magenentoderm; *Nk* Nesselkapsel; *Nrga* Nesselringanlage. Weitere Abkürzungen s. Abb. 30 und 31

differenziert. Im Ektoderm der Tentakelspitze befindet sich eine dichte Lage von I-Zellen (*IZ*), die bei der Entwicklung und Differenzierung des Tentakels verbraucht wird. Auf Abb. 32 ist eine erste Andeutung der Tentakelspaltung als leichte Einbuchtung bereits erkennbar.

Der Tentakel (Abb. 33, *T*) wächst durch Vermehrung und basalwärts fortschreitende Differenzierung der I-Zellen, die sich in seiner Spitze hauptsächlich im Ektoderm, in geringerem Maße auch im Entoderm befinden, in 2 Ästen weiter. Der innere bildet eine Haftsohle aus und wird zum Schreit- bzw. Haftast, während der äußere einen endständigen Nesselknopf bzw. bei *Cladonema* Nesselwülste entwickelt und daher als Wehrast bezeichnet wird.

Wie es allgemein für Hydroiden bekannt ist, bilden sich bei *Cladonema radiatum* durch seitliches Auswuchern der Radiärkanäle die

Umbrellarplatten. Diese einschichtigen Entodermlamellen trennen Ex-
und Subumbrella voneinander und verbinden die Radiärkanäle. In ihnen
wurden einzelne I-Zellen festgestellt. Offenbar sind sie auch an dieser
Bildung beteiligt, wenngleich die Umbrellarplatten hauptsächlich
durch Vermehrung der noch wenig differenzierten Entodermzellen der
Radiärkanäle entstehen. Bei *Eleutheria dichotoma* fehlen die Umbrellarplatten.

Als letzte Neubildung entsteht der Ringkanal. Er bildet sich bei
Cladonema als Spaltraum in der von Beginn ihrer Wucherung an am
Velum zweischichtig angelegten Umbrellarplatte. Bei älteren *Eleutheria*-
Knospen dagegen findet man auf interradialen Längsschnitten seitlich

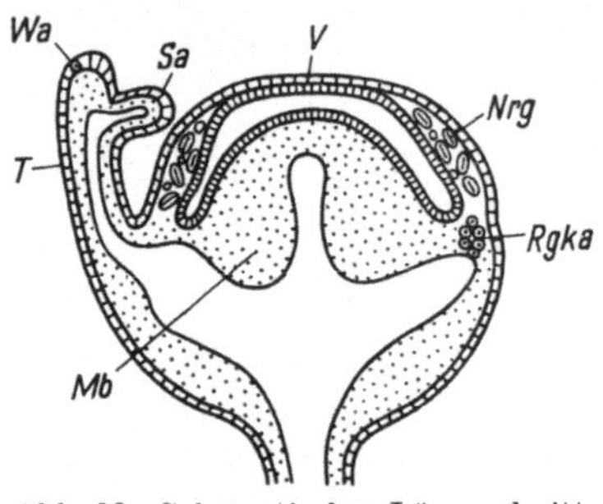

Abb. 33. Schematischer Längsschnitt
durch eine fast fertige *Eleutheria dichotoma*-Medusenknospe. Der Ringkanal
wird angelegt. *Mb* Manubrium; *Nrg*
Nesselring; *Rgka* Ringkanalanlage;
Sa Schreitast; *T* Tentakel; *V* Velum;
Wa Wehrast

zwischen Magenraum und Exumbrella
unweit der Glockenhöhle etwa 5 bis
6 Zellen, die ganz dicht im Kreis aneinanderliegen und zum Teil noch
embryonal aussehen (Abb. 33, *Rgka*).
Auf einem etwas späteren Stadium
ist hier eine wenig größere Anzahl
von epithelial um einen Hohlraum
angeordneten Zellen vorhanden, die
offenbar aus den erstgenannten her-
vorgegangen sind. Die Entstehung des
Ringkanals bei *Eleutheria* aus I-Zellen
ist somit zwar nicht direkt zu be-
obachten, erscheint jedoch recht wahrscheinlich.

Abgesehen vom Nesselkapselbildungslager im oralen Teil des Manubriums von *Cladonema* liegen zwischen den Entodermzellen der Knospe
jetzt nur noch sehr vereinzelte I-Zellen. Außerdem treten verstreut im
Manubriumentoderm die prall mit verschieden großen Einschlüssen erfüllten Sekretzellen auf. Die Glockenhöhle vergrößert sich immer mehr.
dabei wachsen die Subumbrellarschläuche von *Eleutheria* (s. S. 404)
schließlich über den Ringkanal hinaus. Das exumbrellare Knospenektoderm wird immer dicker durch die darin angehäuften I-Zellen und
Cniden. Dieser ganze, hier aufgespeicherte Vorrat wandert bei *Cladonema* an die Tentakelwurzeln und bei *Eleutheria* in den Nesselring, der
bei der jungen Primärmeduse besonders prall gefüllt wird. Er ist das
einzige große I-Zellen- und Cnidenreservoir der *Eleutheria*-Meduse. Im
Gegensatz zum Polypen werden hier aber nicht nur Penetranten, sondern
auch Volventen gebildet, die beide bei Bedarf in die Nesselknöpfe der
Tentakel einwandern (Hauenschild 1957). *Cladonema* erzeugt an den
Tentakelwurzeln wie im Manubriumentoderm 2 Arten von Penetranten
(Lengerich 1923).

Sobald sich das Velum zentral geöffnet hat und im Manubrium die Mundöffnung durchgebrochen ist, ist die Meduse fertig. Indem sie sich mit ihren Haftballen auf der Unterlage festsetzt und eigene Bewegungen ausführt, reißt sie sich vom Muttertier los.

VI. Entwicklung der Sekundär-Medusenknospe an der Meduse von Eleutheria dichotoma

A. Histologische Struktur und Verteilung der I-Zellen bei der Eleutheria-Meduse

Die Gewebestruktur der Medusenknospe ist bei der Entwicklung der Primärmeduse ausführlich beschrieben worden. In der ausgewachsenen *Eleutheria*-Meduse (Abb. 34 und 35) haben sich die Zellen weiterhin vermehrt, ausdifferenziert und spezialisiert. Das Ektoderm ist sehr gleichmäßig, aber in der Glockenhöhle (*Glh*) besonders flach ausgebildet. Nur in den Enden der Tentakeläste besitzt es auffallend hohe Zellen, zwischen denen im Wehrast die Nesselzellen aufgestellt werden. Über jedem Tentakelansatz enthält das Ektoderm einen aus mehreren Sehzellen bestehenden Ocellus (Abb. 3, *Oc*). Unterhalb des Ringkanals (*Rgk*) umfassen die 2 Ektodermschichten des Velums (*V*) eine mächtige Anhäufung von I-Zellen und allen Stadien der aus ihnen hervorgehenden Cniden (*Nz*), den sog. Nesselring (*Nrg*). Von hier aus wandern nach dem Beutefang reife Cnidocyten in die Tentakel und beim Beginn der Sekundärmedusenknospung I-Zellen (*IZ*) im Ektoderm außen am Ringkanal entlang in die oberhalb des Ringkanals gelegene Knospungsregion. Bei knospenden Medusen enthält die Exumbrella (*Ex*) im Bereich des Ringkanals überall I-Zellen, sie sind dort in fast allen Schnitten zu finden. Der Nesselringbereich direkt unterhalb einer Knospenanlage kann durch das Auswandern zeitweilig nur noch sehr wenige I-Zellen enthalten und somit stark an Umfang abnehmen (Abb. 34, *Kn II*). Wird ein Brutraum (Abb. 3, *Br*) ausgebildet, so wandern auch in die Subumbrellarschläuche (*Ss*) vom Nesselring her I-Zellen ein, die in ihnen und in dem aus ihnen hervorgehenden Brutraum (Abb. 3, *Bre*) die Keimzellen bilden.

Das Entoderm fällt durch die in ihm eingeschlossenen Nahrungs- und Exkretstoffe besonders auf. Sie liegen am dichtesten in den Freßzellen (Abb. 35, *Frz*) des Manubriums (*Mb*), sind aber auch im Magen (Abb. 34, *Mr*) und Ringkanal (*Rgk*) gehäuft und nehmen in die Tentakel hinein immer mehr ab. Im proximalen Bereich des Manubriums befinden sich von kugeligen Granula dicht erfüllte Sekretzellen (Abb. 35, *Skrz*) einzeln zwischen den hier äußerst langgestreckten Freßzellen (*Frz*), während der orale Manubriumabschnitt im Entoderm ausschließlich hohe, sezernierende Zellen mit einem homogenen Inhalt aufweist, die von LENGERICH (1923) „Schleimzellen" (*Schlz*) genannt wurden.

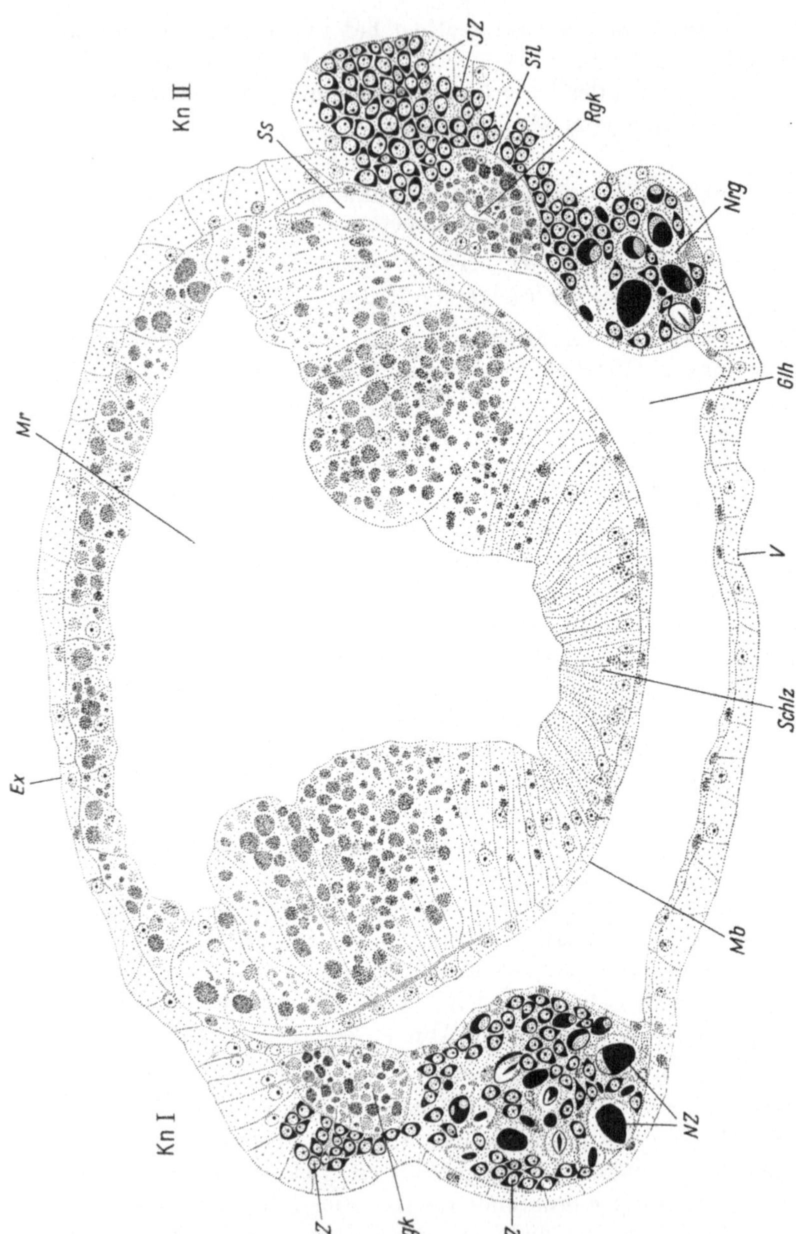

Abb. 34. Längsschnitt durch eine asexuelle *Eleutheria*-Meduse mit 2 jungen Knospenanlagen. *Kn I* Die erste Ansammlung von I-Zellen zur Knospenbildung. (Der Ringkanal ist bei der Herstellung des Präparats geschrumpft und daher ohne Hohlraum.) *Kn II* Die I-Zellen durchsetzen das Ektoderm und wandern durch die Stützlamelle ins Entoderm ein. Der Nesselring nahm durch die Auswanderung von I-Zellen an Umfang ab. (Nach einem Schnittpräparat von HAUENSCHILD. Fixierung: BOUIN. Färbung: Eisenhämatoxylin nach HEIDENHAIN.) 450 × vergr. *Ex* Exumbrella; *Glh* Glockenhöhle; *IZ* I-Zellen; *Kn* Knospenanlage; *Mr* Magenraum; *Nz* Nesselzelle; *Rgk* Ringkanal; *Schlz* Schleimzelle; *Ss* Subumbrellarschlauch; *Stl* Stützlamelle. Weitere Abkürzungen s. Abb. 33

B. Entwicklung der Sekundärmedusenknospe von Eleutheria dichotoma

Die Bildung der Sekundärmedusenknospe erfolgt grundsätzlich genauso, wie die der Primärmedusenknospe am Polypen. So wie beim

Polypen zunächst I-Zellen aus dem Hydrocaulus in die Knospungszone einwandern, zieht auch bei der Meduse beim Beginn der Knospung eine ganze „I-Zellen-Straße" aus dem Nesselring außen am Ringkanal vorbei bis in die Knospungsregion (Abb. 34, *Kn I*). Die I-Zellen durch-

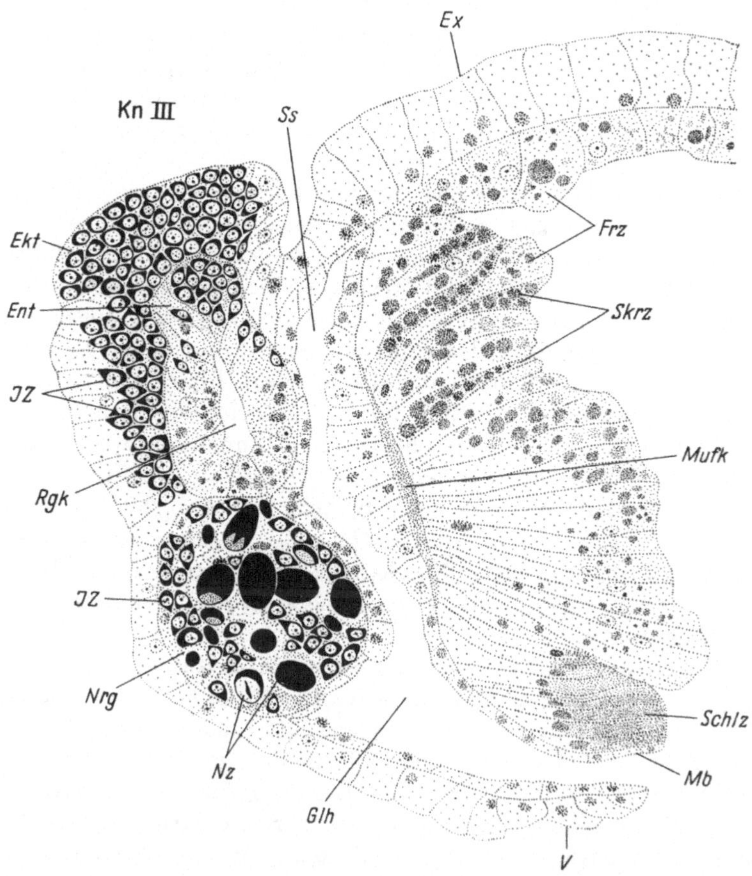

Abb. 35. Hälfte eines Längsschnitts durch eine asexuelle *Eleutheria*-Meduse mit einer Knospenanlage. Die I-Zellen im Entoderm der Knospenanlage haben sich schon zum Teil differenziert. Besonders lebhaftes Einwandern von I-Zellen in die Knospenanlage. (Nach einem Schnittpräparat von HAUENSCHILD. Fixierung: BOUIN; Färbung: Eisenhämatoxylin nach HEIDENHAIN.) 450 × vergr. *Frz* Freßzellen; *Mufk* Muskelfibrillen, kontrahiert; *Skrz* Sekretzellen. Weitere Abkürzungen s. Abb. 34

setzen hier in großer Zahl das Ektoderm und verdrängen es im Zuge ihrer Vermehrung und teilweisen Ausdifferenzierung. Die kleinste Knospenanlage kann schon vereinzelt aus der Muttermeduse stammende Nesselkapseln enthalten. Im Zentrum der entstehenden Knospe dringen durch die Stützlamelle (*Stl*) viele I-Zellen in das darunterliegende Entoderm des Ringkanals ein (Abb. 34, *Kn II*, *Rgk*). Sie differenzieren sich hier zu Entodermzellen, die sich im Laufe des ersten Knospenwachstums immer länger strecken (Abb. 35, *Kn III*, *Ent*). In dem Maße, wie diese Entodermzellen sich mit der Ausweitung der Knospe abflachen und schließlich, wie es in der Primärmedusenknospe von Anfang an der Fall ist, dem Ektoderm als niedrige Schicht anliegen, dehnt sich das zuerst nur wenig in die Knospe hineinragende Lumen des Ringkanals mehr und mehr zu einem langgestreckten Hohlraum aus. Durch fortwährende Einwanderung von I-Zellen, ihre Vermehrung und Differenzierung im Ektoderm und Entoderm wächst die Knospe nun in der beschriebenen Weise aus.

Das unmittelbar unter der jungen Knospe gelegene Ringkanalentoderm verändert sich während der Knospung. Das Plasma seiner Zellen, das vorher bis auf die in ihm eingeschlossenen, wenigen Nahrungs- und Exkretpartikel im Präparat farblos erschien, ist nun oft sehr kräftig blau gefärbt. Die Zellen erwecken dadurch den Eindruck einer gewissen, mit einer Intensivierung des Stoffwechsels verbundenen Entdifferenzierung, denn diese Blaufärbung des Plasmas findet sich gewöhnlich nur in ganz jungen Zellen. Eine durch Auszählung der Ringkanalzellen unter jungen Knospen mehrfach erwiesene Zunahme ihrer Anzahl ist aber höchstwahrscheinlich auf eine Neubildung von Ringkanalzellen aus I-Zellen zurückzuführen, wie sie z. B. auch auf Abb. 35 erkennbar ist. Hier liegen unterhalb der Knospe III einige I-Zellen, die sich bereits zwischen die differenzierten Ringkanalzellen eingeschoben haben. Die hiermit zusammenhängenden Fragen sollen in der Diskussion genauer besprochen werden.

Zwischen der Primär- und der Sekundärmedusenentwicklung bestehen nur 2 auffallende Unterschiede: Die Exumbrella ist, wie bereits erwähnt, bei der Primärmedusenknospe mit Cniden und I-Zellen vollgestopft, bei der Sekundärmedusenknospe dagegen befinden sich in ihr nur sehr vereinzelte Nesselkapseln. Hier ist dafür der Nesselring schon früher voll ausgebildet. Außerdem wird die Sekundärmeduse schon nach 1—2 Wochen geschlechtsreif, die Primärmeduse erst etwa 1 Woche später.

VII. Entwicklung der Medusenknospe im Gonangium von Campanularia johnstoni

Schon während der Ausbildung des Gonangiums von *Campanularia* entstehen an seinem Blastostyl abwechselnd in 2 einander gegenüberstehenden Reihen die Knospenanlagen (Abb. 36). Wenn das Gonangium innerhalb von 3—4 Tagen mit etwa 1 mm seine endgültige Länge erreicht hat, ist die erste Knospe schon soweit entwickelt, daß sie bereits einen Tag später als junge Meduse entlassen wird (Abb. 7 und 37). Von einem genau beobachteten Gonangium wurden innerhalb von 20 Tagen insgesamt 19 Medusen abgegeben. Fast regelmäßig entstand täglich eine Meduse, nur am dritten Tag 2 und in der letzten Zeit zweimal keine. Nach der Ausbildung noch einer weiteren Knospe war dann dies Gonangium erschöpft, und sein Blastostyl zerfiel. Die Entwicklungsdauer der Knospen steigt mit dem Alter des Gonangiums. Von diesen 20 Knospen wurden die ersten 6 in je 4 Tagen fertiggestellt, die 7. und 8. in jeweils 5, dann dauerte es 6 und später noch mehr Tage.

Abgesehen von einigen morphologischen Besonderheiten verläuft die .Knospenentwicklung bei *Campanularia johnstoni* wie in den bisher beschriebenen Fällen. Auch hier enthält das Ektoderm von Hydrocaulus und Hydrorhiza ein Lager von I-Zellen, Cnidoblasten und Cnidocyten, aus dem die Polypen und Gonangien versorgt werden. Die Knospen beginnen ihre Entwicklung an der Basis des Gonangiums, wo der kurze Hydrocaulus in den Blastostyl übergeht. Auf einem Querschnitt befinden sich hier noch im gesamten Ektoderm viele I-Zellen (*IZ*) und Nesselkapseln (*Nk*). Die Knospenanlagen sind daher im Schnittpräparat erst erkennbar, nachdem die ersten I-Zellen auch ins Entoderm eingewandert sind (Abb. 38, *Kna*).

Bei allen Leptomedusenknospen hebt sich ihre äußerste Ektodermschicht ab und bildet den „Mantel" (Tunica). Schon die kleinste Knospenausstülpung wird ganz von ihm umhüllt (Abb. 39, *Tu*). Wo sie sich dem Blastostyl (*Bst*) dicht anschmiegt, verschmelzen oft Tunica- und Blastostylektoderm miteinander.

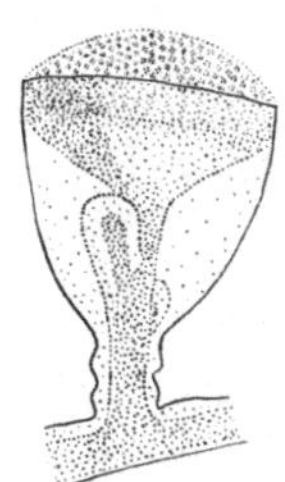
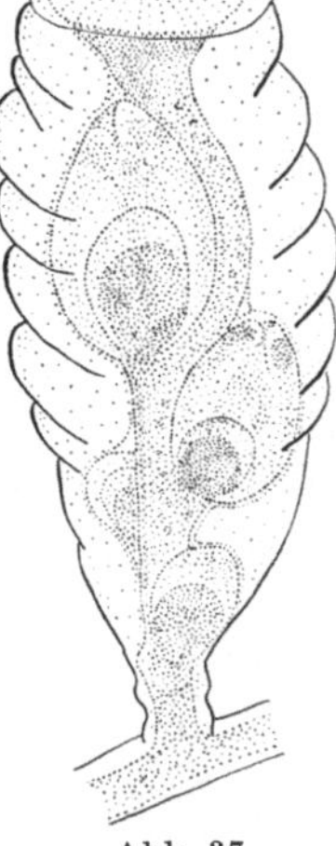

Abb. 36   Abb. 37

Abb. 36. Etwa 1 Tag altes Gonangium von *Campanularia johnstoni* mit 2 Knospenanlagen. Etwa 50 × vergr.

Abb. 37. *Campanularia johnstoni*-Gonangium mit 7 Medusenknospen wenige Stunden vor Entlassung der ältesten. Etwa 50 × vergr.

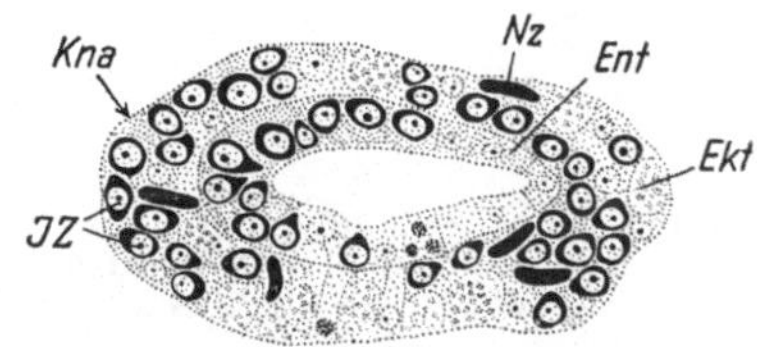

Abb. 38. Querschnitt durch den I-Zellenreichen basalen Teil eines *Campanularia johnstoni*-Blastostyls mit einer Knospenanlage. I-Zellen befinden sich hier auch schon im Entoderm. 450 × vergr. *Ekt* Ektoderm; *Ent* Entoderm; *IZ* I-Zellen; *Kna* Knospenlage; *Nz* Nesselzelle

Der Glockenkern wird früh im Ektoderm der Knospenkuppe aus einzelnen I-Zellen angelegt, die sich an der Stützlamelle zu einer dichten Lage anordnen (Abb. 40, *Glk*). Während die Radiärkanäle auszuwachsen beginnen, vermehren sich die Glockenkernzellen und bilden zwischen sich die Glockenhöhle. Mit ihrer Vergrößerung wird der Spadix (Abb. 40 und 41, *Sp*) in den inneren

Knospenhohlraum hineingedrängt, während die Glockenhöhle selbst
durch die Radiärkanäle nach innen eingebuchtet wird (Abb. 42). In
Abb. 41 ist die doppelte I-Zellenlage der dabei zwischen 2 Radiärkanälen
entstehenden engen Falte der Glockenhöhlenwand rechts im Bild angeschnitten. Ihre Zellen sind auf diesem Stadium noch völlig undifferen-

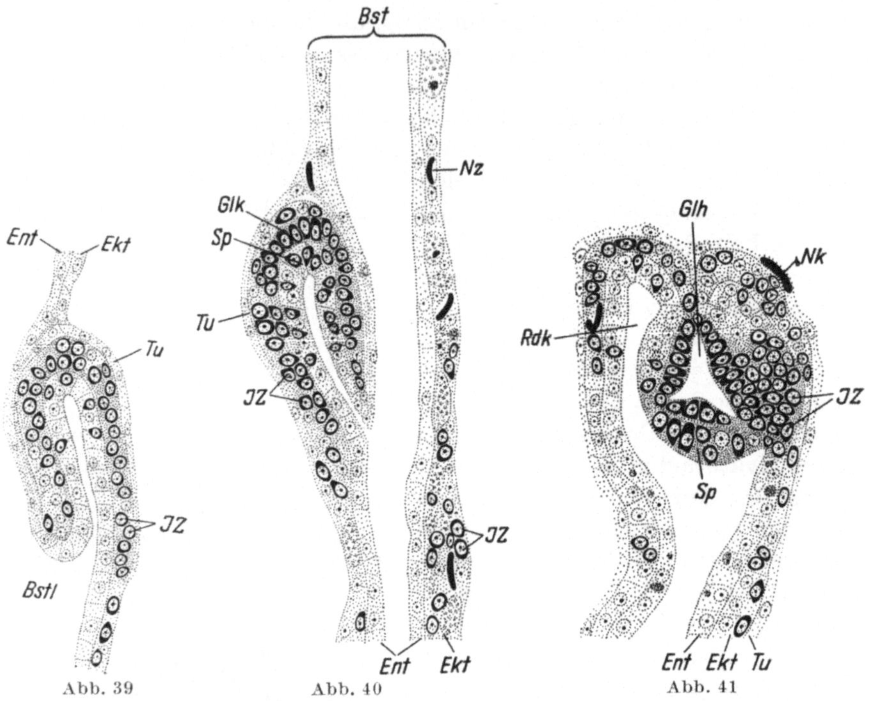

Abb. 39. Längsschnitt durch junge *Campanularia johnstoni*-Medusenknospe am Blastostyl.
Ihre äußerste Ektodermschicht hat sich als Tunica abgehoben. 450 × vergr.
Bstl Blastostyllumen; *Tu* Tunica. Weitere Abkürzungen s. Abb. 38

Abb. 40. Glockenkernbildung in der *Campanularia johnstoni*-Medusenknospe. Längsschnitt.
450 × vergr. *Bst* Blastostyl; *Glk* Glockenkern; *Nz* Nesselzelle; *Sp* Spadix. Weitere
Abkürzungen s. vorige Abbildungen

Abb. 41. Längsschnitt durch eine junge *Campanularia johnstoni*-Knospe, in der gerade
die Glockenhöhle entstanden ist. Rechts im Bild ist die Falte der Glockenhöhlenwand
zwischen den auswachsenden Radiärkanälen angeschnitten. 450 × vergr. *Glh* Glockenhöhle; *Nk* Nesselkapsel; *Rdk* Radiärkanal. Weitere Abkürzungen s. vorige Abbildungen

ziert. Durch lebhafte Teilungen vergrößern sie die Glockenhöhle und
verdoppeln gleichzeitig ihre bisher einzellige Schicht (Abb. 42, *Su*). Zuerst wird die Glockenhöhlenwand vor den Radiärkanälen zweischichtig,
und erst, wenn mit der Erweiterung des Knospenumfangs das sub-
umbrellare Ektoderm zwischen den Radiärkanälen auseinanderweicht,
tritt auch hier eine zweite Zellage auf. Aus dem Spadix bildet sich nun
unter lebhafter Zellvermehrung die Manubriumanlage, die sich in die

Glockenhöhle vorwölbt. Dabei verbreitert sich die Knospe und zwischen den bisher terminal dicht aneinander schließenden und jetzt auseinanderrückenden Radiärkanälen (Abb. 41, *Rdk*) mit den frühen Tentakelanlagen entsteht das Velum. In der zukünftigen Exumbrella liegen nur noch sehr wenige I-Zellen. Wie bei der Sekundärmedusenknospe von *Eleutheria* entwickeln sich bei *Campanularia* hier keine Nesselkapseln. Dagegen wird wie bei der *Cladonema*-Meduse ein Nesselkapselbildungslager im oralen Abschnitt des Manubriums angelegt (Abb. 44, *Nz*). Von den I-Zellen, die noch in großer Zahl in den Tentakelanlagen (Abb. 43, *Ta*) bereit liegen, bildet ein Teil die Lager von I-Zellen und Nesselkapseln aus, die sich später hauptsächlich im inneren Ektoderm der Tentakelwurzeln befinden.

Ein Querschnitt durch eine Abb. 43 im Entwicklungszustand entsprechende Knospe zeigt die Umbrellarplatten (Abb. 44, *Up*). Auf diesem Stadium haben sich ihre beiden Flügel, die von den Radiärkanälen aufeinander zugewachsen waren, schon vereinigt. Der Ringkanal entsteht als Spaltraum in dem am Glockenrand befindlichen, zweischichtigen Zellwulst der Umbrellarplatten. Die ganze Subumbrella (*Su*) ist jetzt zweischichtig ausgebildet. Während sich die äußere Lage als Glockenhöhlenwand in das Manubriumektoderm

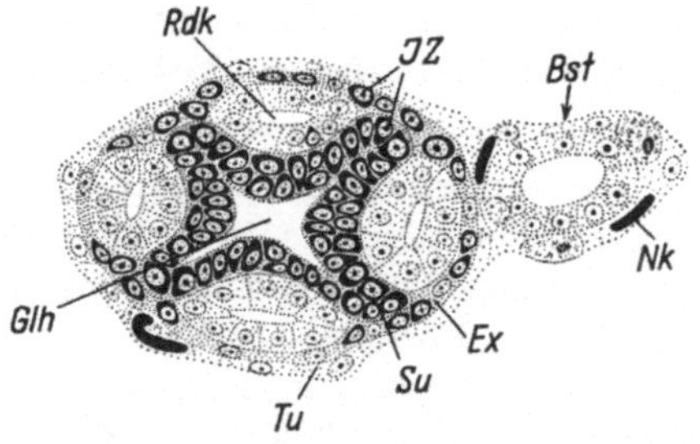

Abb. 42. Querschnitt durch die sich vergrößernde Glockenhöhle von *Campanularia johnstoni*. Das Glockenhöhlenepithel beginnt zweischichtig zu werden. Die Knospe liegt dem Blastostyl an. 450 × vergr. *Ex* exumbrellares Ektoderm; *Su* subumbrellares Ektoderm (Glockenhöhlenwand). Weitere Abkürzungen s. vorige Abbildungen

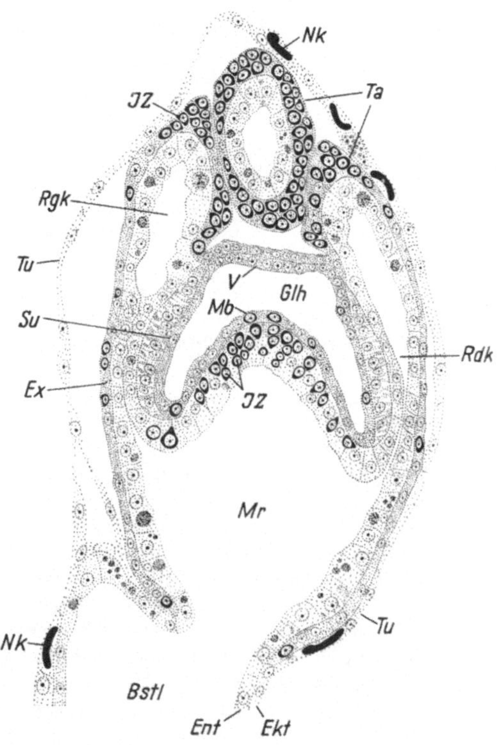

Abb. 43. Längsschnitt durch ältere Medusenknospe von *Campanularia johnstoni* mit wachsenden Tentakeln. 450 × vergr. *Mb* Manubrium; *Mr* Magenraum; *Rgk* Ringkanal; *Ta* Tentakelanlagen; *V* Velum. Weitere Abkürzungen s. vorige Abbildungen

und das innere Velumblatt fortsetzt und diesen mit ihren kleinen, flachen Zellen gleicht, besteht die innere, den Umbrellarplatten anliegende Schicht aus sehr schmalen, höheren Zellen.

Die Versorgung der Knospen mit vom Hydrocaulus her einwandernden I-Zellen nimmt mit fortschreitender Knospenentwicklung ab. In den distalen Teil des Blastostyls gelangen fast nur Nesselkapseln, die sich in der Endplatte anhäufen.

In der schlüpfbereiten *Campanularia*-Meduse beginnen sich sowohl die innere Subumbrellaschicht als auch die Umbrellarplatten aufzulösen. Aus ihnen geht

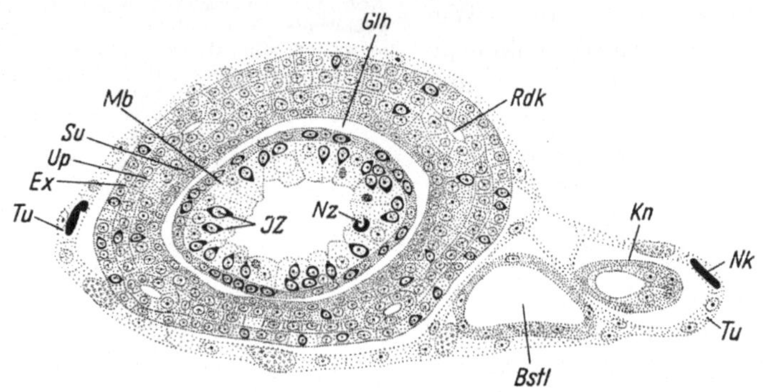

Abb. 44. Querschnitt durch ältere Medusenknospe von *Campanularia johnstoni*, die Umbrellarplatten zeigend. Rechts vom Blastostyl ist die Basis der nächstälteren Knospe angeschnitten. 450 × vergr. *Kn* Knospenbasis; *Up* Umbrellarplatte. Weitere Abkürzungen s. vorige Abbildungen

die Gallerte der frei schwimmenden Meduse hervor. Ebenso verhalten sich die Umbrellarplatten der ausgewachsenen *Cladonema*-Medusenknospe. Dagegen fehlen in der stark rückgebildeten Glocke der sich nur kriechend fortbewegenden *Eleutheria dichotoma*-Meduse sowohl die Umbrellarplatten als auch die Gallertschicht. Die Folgerung, daß es die eigentliche Aufgabe der Umbrellarplatten ist, die Mesogloea auszubilden, sie also auch bei den sessilen Gonophoren „überflüssig" sind, findet sich nur bei den Campanulariiden bestätigt, wird hier aber sehr wahrscheinlich. Sie zeigen eine mit dem Sessilwerden verbundene Reduktion der Umbrellarplatten. Während *Camp. calyculata*, die kein Manubrium mehr besitzt und nur noch in seltenen Fällen frei wird, wie die *Camp. johnstoni*-Meduse Umbrellarplatten und daraus eine Gallertschicht entwickelt, treten bei den stets sessilen Gonophoren von *Camp. hincksi* und *Camp. verticillata* keine Umbrellarplatten mehr auf (Goette 1907). Interessant ist, daß gemeinsam mit diesem entodermalen Bildungsmaterial bei *Camp. johnstoni* auch das Ektoderm mit der inneren Subumbrellaschicht an der Entwicklung der Gallerte beteiligt ist.

Bei der „*Geburt*" *einer Meduse* ist die treibende Kraft zweifellos der sich ständig vergrößernde Druck, den das Wachstum des Blastostyls und der jüngeren Knospen auf die vorhergehenden ausübt und der die älteste Knospe zunächst ständig mehr unter der Endplatte zusammenpreßt. Wenn sich zum Abschluß des „Geburts"vorganges die junge Meduse vom Gonangium ablöst, ist die nächstfolgende Knospe schon bis unter die sich sofort wieder verschließende Endplatte nachgerückt. Die Entlassung der Meduse aus dem Gonangium erfolgt normalerweise in etwa 5—15 min, ihre Verwachsung mit dem Blastostyl bleibt dann aber zunächst noch bestehen. Bei den 6 verfolgten „Geburten" dauerte es von Beginn des Hervordrängens an zwischen 9 und 30 min, bis es der jungen Meduse durch heftige Kontraktionen gelang, sich ganz zu befreien. Die offenbar komplizierten Vorgänge, welche die irisblendenartige Öffnung der Endplatte bewirken und das Verhalten des Blastostyls bei der „Geburt" sind noch unklar.

VIII. Entwicklung der Sekundärtentakel bei der Meduse von Campanularia johnstoni

Ebenso wie die Primärtentakel werden auch alle weiteren aus I-Zellen gebildet. Dies ist bei *Campanularia* gut zu untersuchen, weil hier fort-

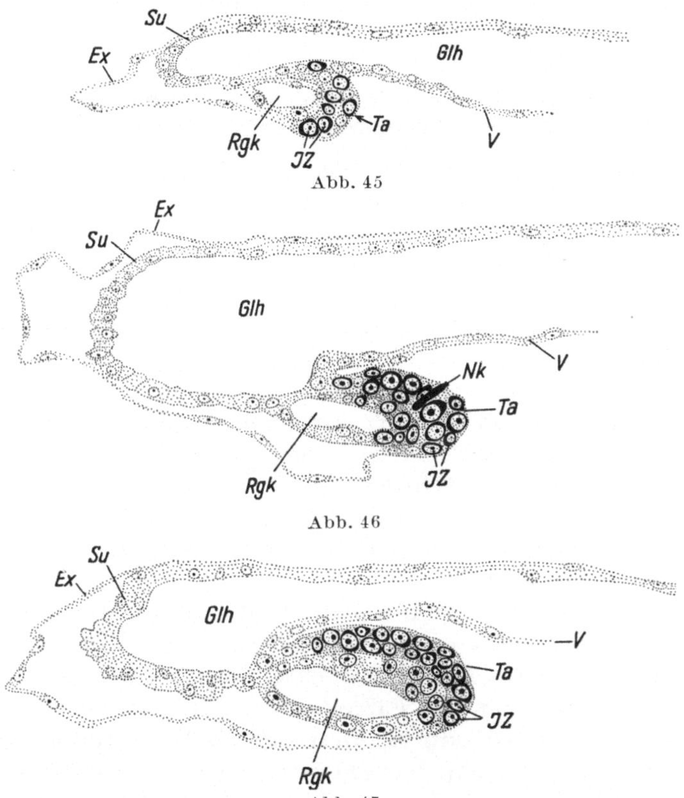

Abb. 45—47. Anlage der Sekundärtentakel von *Campanularia johnstoni* aus I-Zellen, die aus den benachbarten Tentakelwurzeln zuwandern und sich hier vermehren. 700 × vergr: *Ex* exumbrellares Ektoderm; *Glh* Glockenhöhle; *IZ* I-Zellen; *Nk* Nesselkapsel; *Rgk* Ringkanal; *Su* subumbrellares Ektoderm; *Ta* Tentakelanlage; *V* Velum

laufend neue Tentakel am Ringkanal entstehen. Zuerst sammeln sich wieder einzelne I-Zellen im Ektoderm des Ringkanals an (Abb. 45). Sie stammen aus den Lagern an den benachbarten Tentakelwurzeln, aus denen fortwährend weitere I-Zellen und auch Nesselkapseln nachfolgen.

Gleichzeitig vermehrt sich die Anzahl der I-Zellen in der Tentakelanlage, und einzelne dringen durch die Stützlamelle in das Entoderm ein (Abb. 46). Wie beim Primärtentakel wächst die Anlage dann unter Vermehrung und Differenzierung der I-Zellen zum Tentakel aus (Abb. 47). An der Tentakelbasis bleibt eine Ansammlung von I-Zellen zurück, aus denen das Nesselkapselbildungslager hervorgeht.

Die Schnitte durch ausgewachsene *Campanularia*-Medusen zeigen zwischen den sehr dünnen Wänden der Ex- und Subumbrella Spalträume, die im Leben mit Mesogloea erfüllt sind. Von den Umbrellarplatten und dem inneren Blatt der Subumbrella ist hier nichts mehr zu erkennen.

IX. Gewebeaustausch zwischen normalen und asexuellen Medusen von Eleutheria dichotoma

Ausgewachsene Medusen von *Eleutheria dichotoma* ohne Brutraum wurden auch von älteren Autoren erwähnt (Hartlaub 1886, 1887, Nekrassoff 1911), es hatte sich aber niemand näher mit ihnen befaßt. Hauenschild (1954, 1956) züchtete jahrelang Klone asexueller *Eleutheria*-Medusen. Durch Implantation kleiner Stücke normaler Medusen gelang es ihm in 28 von 46 Fällen, vorher asexuelle Medusen zur Ausbildung von Keimzellen zu bringen.

Im Verlauf meiner Untersuchungen traten in meinen asexuellen Kulturen in geringem Prozentsatz wiederholt Medusen mit einem Brutraum und Geschlechtszellen darin auf. Dieses Ergebnis wurde von Hauenschild im Herbst 1956 bestätigt. Es kann somit nicht von einem prinzipiell irreversiblen Verlust der Sexualität gesprochen werden. Es scheint sich eher um eine Art von Dauermodifikation zu handeln, deren Ursache vorerst ungeklärt ist.

Hauenschild (1957) konnte aus einer fast neunmonatigen, besonders sorgfältigen Zucht von 4 asexuellen Klonen, die er in diesem Versuch aus je einer asexuellen Meduse heranzog, Angaben über die Zahl der Tiere machen, in denen die Fähigkeit zur geschlechtlichen Differenzierung spontan wieder auftritt. In 3 dieser 4 Klone traten gar keine Medusen mit Brutraum auf, dagegen wurden in einem seit Oktover 1952 kultivierten asexuellen Stamm von den 428 Individuen dieses neu angelegten Klons 8 sexuell (1,9%). In diesem Zusammenhang ist es von Bedeutung, daß sowohl in Hauenschilds Kulturen wie in meinen eigenen die wieder zur Sexualität zurückgekehrten Medusen mit 2 Ausnahmen nur Eier bildeten und keine Larven. Wahrscheinlich fehlte ihnen die Fähigkeit zur Entwicklung männlicher Geschlechtsprodukte.

Da die asexuellen Medusen also in seltenen Fällen auch von selbst ihre Sexualität wiedererlangen können, sind die Zahlenwerte der Transplantationsversuche nicht mehr ganz einwandfrei, denn es hätte durch

Längsteilung der Empfängermeduse vor der Transplantation und Auf-
zucht beider Hälften in jedem Einzelfall festgestellt werden müssen, ob
nicht vielleicht auch die Medusenhälfte ohne Implantat spontan einen
Brutraum ausbilden würde. Dennoch behalten die Versuche im wesentlichen ihre Gültigkeit, da einerseits der Prozentsatz der spontan zur
Sexualität zurückkehrenden Medusen sehr klein ist, sich andererseits
aber zwischen den einzelnen Versuchsreihen mit verschiedenen Implantaten recht signifikante Unterschiede ergeben haben.

Die Implantate schnitt ich unter dem Binokular mit einem Augenskalpell
aus fertig entwickelten, aber geschlechtlich noch nicht differenzierten Medusen
heraus. Schon am lebenden Tier lassen sich bei äußerer Betrachtung Unterschiede
in der Beschaffenheit, insbesondere der Färbung der verschiedenen Gewebe feststellen. (Das Ektoderm ist immer hell und hyalin, das Entoderm meist durch
seine Inhaltsstoffe dunkel gefärbt.) Dadurch war es möglich, die verschiedenen
Stücke ziemlich sauber zu isolieren.

Folgende Gewebestücke wurden serienweise implantiert:

1. Vom Tentakel

a) der Schreitast; b) der Wehrast; c) der basale Tentakelabschnitt;
d) 3 Tage altes Tentakelregenerat.

Der ausgewachsene Tentakel enthält keine I-Zellen. Im regenerierenden Tentakel kommen I-Zellen vor, und zwar hauptsächlich im
basalen Teil.

2. Ocellusregion.

Darunter verstehe ich ein kleines, den Ocellus einschließendes, ra-
diales Stück, das etwas Ringkanal mit umfaßt.

Direkt unter dem Ocellus befindet sich immer eine Anzahl von
I-Zellen (meist um 10). Daneben gehört zum Implantat Ektoderm der
Ringkanalregion mit seinen I-Zellen.

3. Ringkanal (interradialer Sektor) und das ihn umgebende Ektoderm.

Das Ektoderm um den Ringkanal enthält bei ausgewachsenen Medusen fast auf jedem Schnitt etwa 5—10 I-Zellen, in den Knospenanlagen
sind es erheblich mehr.

4. Exumbrella mit anliegendem Magendach.

Bei den Primärmedusen ist die Exumbrella von I-Zellen erfüllt. Außerdem könnte im Implantat das Ektoderm der Subumbrellarschläuche
mit ihren zur Keimzellenbildung einwandernden I-Zellen erfaßt sein.

5. Nesselringgewebe.

Es ist vollgestopft mit I-Zellen und Cnidoblasten und infolge seiner
starken Lichtbrechung von angrenzendem Gewebe einwandfrei zu
sondern.

6. Vom Manubrium

a) der distale; b) der proximale Bereich.

Dieser ist durch die vielen von Granula erfüllten Freß- und Sekretzellen besonders dicht pigmentiert.

Das Manubrium enthält keine I-Zellen.

7. Knospen verschiedenen Alters.

Sie besitzen auf jedem Stadium viele I-Zellen.

Von rund 450 Implantationen waren 248 verwertbar. Bei den restlichen erwies sich entweder hinterher der Implantatspender als asexuell, die Versuchstiere starben vor Abschluß der Beobachtungszeit, oder das Implantat hatte sich wieder gelöst, wie die Kontrolle am nächsten Tag ergab. Die Versuchsergebnisse zeigen, daß die verschiedenen Implantatgewebe in unterschiedlichem Maße die Fähigkeit besitzen, in asexuellen Medusen erneut die Sexualität zu induzieren. Dabei wird ein Zusammenhang mit dem Gehalt an I-Zellen deutlich: *Von den Knospenimplantaten abgesehen, bewirkten die Gewebe mit der größten I-Zellendichte am häufigsten die Ausbildung von Geschlechtsprodukten in den bisher asexuellen Empfängermedusen* (Tabelle 2).

Tabelle 2

Implantat	Anzahl der Transplantate	Ergebnis	Primärmedusen		Sekundärmedusen	
			Anzahl	sexuell	Anzahl	sexuell
Ocellusregion	30	13 (43%) +	20	8	10	5
Nesselring	30	11 (37%) +	20	8	10	3*
Exumbrella	30	9 (30%) +	20	7*	10	2
Ringkanalregion	14	2 (14%) +	10	—	4	2
Manubriumbasis	30	3 (10%) +	20	2*	10	1
Knospen	30	3 (10%) +	20	—	10	3
Regenerierende Tentakel .	15	1 (7%) +	10	—	5	1*
Schreitast	} 37		3	—	3	—
Wehrast		alle —	2	—	4	—
Tentakelwurzel			15	—	10	—
Manubriumöffnung . . .	32	alle —	23	—	9	—

* In je einem Fall trat die sexuelle Differenzierung noch nicht bei der Versuchsmeduse selbst, sondern erst bei einem ihrer durch Knospung erzeugten Tochterindividuen auf.

Das Gewebe der *Ocellusregion* und des *Nesselrings* war am wirksamsten. Von je 30 mit diesen Implantaten versehenen Tieren wurden 13 bzw. 11 sexuell, das sind 43 bzw. 37%.

Durch *Exumbrellagewebe* wurde fast genauso oft Sexualität induziert; hier bildeten von 30 behandelten Tieren 9 einen Brutraum aus. Dabei waren 7 der 20 (35%) von Primärmedusen und nur 2 der 10 (20%) von Sekundärmedusen abstammenden Stücke wirksam. Dies hängt vielleicht damit zusammen, daß die junge Primärmeduse eine Anhäufung von Cniden und I-Zellen im Ektoderm der Exumbrella trägt, welche der Sekundärmeduse fehlt.

Von den 14 Medusen, welche das stets sehr kleine Stück aus der *Ringkanalregion* eingepflanzt bekamen, wurden 2 sexuell; und zwar stammten die beiden wirksamen Stücke von Sekundärmedusen, während alle 10 von Primärmedusen genommenen Implantate wirkungslos waren. Hierfür kommt als Erklärung in

Frage, daß die Sekundärmedusen den Nesselring früher als die Primärmedusen fertig ausbilden und von dort I-Zellen für die Knospenbildung zum Ringkanal wandern.

Das Gewebe des basalen *Manubriumabschnitts* induzierte selten Sexualität. Von 30 Versuchsmedusen wurden 3 sexuell, bei Primär- und Sekundärmedusenimplantaten je 10%. Nach dem histologischen Bild läßt sich vermuten, daß die 3 positiven Ergebnisse nur zustande kamen, weil Gewebe der Subumbrellarschläuche im Implantat mit verwendet worden war.

Außerdem wurden 30 *Knospen* verschiedenen Alters implantiert; die meisten von ihnen standen noch vor der Anlage der Radiärkanäle, manche zeigten schon die erste Tentakelanlage. Nur 3 von Sekundärmedusen stammende, vor der Tentakeldifferenzierung abgetrennte Knospen induzierten in der Empfängermeduse die Ausbildung eines Brutraums. Die Implantation aller 20 von Primärmedusen erzeugten Knospen blieb wirkungslos. Eine Erklärung hierfür kann darin vermutet werden, daß die Primärmeduse selbst erst 1—2 Wochen später als die Sekundärmeduse einen Brutraum ausbildet und die Fähigkeit zur Entwicklung von Geschlechtsprodukten in ihr und in ihren kleinen Knospen auf diesem Stadium noch nicht aktiviert ist.

15 Implantationen von 3tägigen *Tentakelregeneraten* ergaben nur in einem Fall ein positives Ergebnis, wobei aber erst eine Tochtermeduse des Implantatempfängers Geschlechtsprodukte ausbildete. Alle anderen *Tentakelimplantate* sowie Stücke aus dem *Manubriumöffnungsbereich* brachten keine geschlechtliche Differenzierung in den asexuellen Medusen hervor. Dies stimmt mit dem Fehlen von I-Zellen in diesen Geweben überein.

HAUENSCHILD (1956) gab schon nach den von ihm selbst durchgeführten Transplantationen von Stücken sexueller Tiere in asexuelle Medusen eine Deutung der dabei stattfindenden Vorgänge, die durch meine in weit größerem Umfang unternommenen Versuche bestätigt wird. Danach *ist für die Induktion der Sexualität in asexuellen Individuen allein von Bedeutung, daß I-Zellen, die das ursprüngliche Vermögen zur geschlechtlichen Differenzierung noch besitzen, in die asexuellen Medusen, in denen diese Potenz verlorengegangen oder unterdrückt ist, übertragen werden.* Dies geschieht durch die Implantation von I-Zellen enthaltendem Material normaler Medusen in die asexuellen Medusen, die dadurch wieder eine Bruthöhle auszubilden vermögen.

In diesem Zusammenhang prüfte ich auch, wie schnell I-Zellen aus dem Implantat in die Knospen der Empfängermeduse gelangen. Dazu zog ich viele Tochterindividuen von Medusen auf, in die Nesselringgewebe gepflanzt worden war. Nur 3 dieser Medusen wurden sexuell und waren somit für den Versuch verwertbar. Bei ihnen war das Transplantat zweimal am Velum, das dritte Mal am Manubrium festgewachsen. In den ersten beiden Fällen wurde von den durch Knospung erzeugten Tochtermedusen als erste eine 10 bzw. 13 Tage nach der Implantation vom Muttertier abgelöste Knospe geschlechtsreif. Es dauerte also keine 2 Wochen, bis genügend „normale" I-Zellen aus dem Implantat am Velum über den Nesselring in eine Knospe gewandert waren; dies ist ja der normale Weg der I-Zellen bei der Knospenbildung. In der Muttermeduse selbst traten die ersten Oocyten weitere 10 bzw. 7 Tage nach der Abgabe dieser Knospen in Erscheinung. In dem dritten Fall entstand die erste sexuelle Tochtermeduse, zusammen mit der Ausbildung von Eiern im Mutterindividuum, erst nach 5 Wochen.

Noch ein erwähnenswerter Befund trat bei diesem Versuch auf: Die 3 besprochenen Tochtermedusen bildeten erst im Alter von 17 und 18 Tagen Keimzellen aus. Diese Zeit ist für Sekundärmedusen ungewöhnlich lang, für die Primärmedusen aber normal. Vielleicht erhalten die Primärmedusen bei ihrer Entstehung vom Polypen nur einen verhältnismäßig sehr kleinen Bestand an I-Zellen mit der Potenz zur sexuellen Differenzierung, wie ja auch die Medusen in diesem Versuch sicher nur wenige „implantierte" I-Zellen an ihre ersten Knospen weitergeben konnten, da sich das I-Zellenmaterial des Implantats noch nicht so reichlich vermehrt haben dürfte.

Bei vergleichsweise durchgeführten *Transplantationen von Polypengewebe* auf asexuelle Medusen implantierte ich 10 Hydrocaulusstücke, 11 Teile aus der Knospungszone, 9 Gonostyle und 10 Primärmedusenknospen. Nur ein Gonostyl induzierte Sexualität in einer asexuellen Meduse; aus diesem alleinstehenden Befund lassen sich kaum Schlüsse ziehen. Es muß mit Hauenschild (1956) angenommen werden, daß im Polypengewebe die Potenz zur Keimzellenbildung noch blockiert ist und sich frühestens im Gonostyl auswirken könnte. Das Verhalten der Knospenimplantate möchte ich wieder darauf zurückführen, daß in der Primärmeduse das Keimzellenbildungsvermögen bis zu ihrer vollständigen Ausdifferenzierung normalerweise noch nicht aktiviert ist.

Die 42 in allen Transplantationsversuchen sexuell gewordenen Medusen bildeten innerhalb von $2^1/_2$—$9^1/_2$ Wochen nach der Implantation ihren Brutraum aus. 18 von ihnen wurden im Zeitraum von $2^1/_2$—4 Wochen sexuell (43%), weitere 15 (36%) zwischen 4 und 6 Wochen und 5 (12%) zwischen 6 und $9^1/_2$ Wochen. In den 4 Fällen, in denen erst eine Tochtermeduse Keimzellen entwickelte, geschah dies jedesmal, als diese ein Alter von $3^1/_2$ Wochen erreicht hatte.

Die 248 Implantate stammen von 52 Primär- und 25 Sekundärmedusen ab. Von den ersteren lieferten 18 (35%), von den letzteren 11 (44%) Sexualität auslösende Implantate, und zwar von den 18 Primärmedusen 14 *ein* positives Implantat, 4 zwei und 1 drei; ähnlich bei den Sekundärmedusen: hier gaben von 11 Medusen 7 ein, 3 zwei und 1 vier wirksame Implantate.

Als Kontrollversuche (Implantation von asexuellem Material) werden jene Experimente gewertet, bei denen der Implantatspender sich nachträglich als asexuell erwies. Dies traf bei 10 Medusen mit insgesamt 30 Transplantaten aus allen Regionen zu. Von diesen Transplantaten wurde in keinem Fall Sexualität induziert.

X. Einige Versuche zum Regenerationsvermögen verschiedener Teilstücke der Meduse

Das Regenerationsvermögen von *Eleutheria*-Gewebestücken untersuchte ich, indem ich kleine Teile aus den Medusen herausschnitt und isoliert aufzog. Besaßen die Fragmente nicht schon von vornherein ein größeres Manubriumstück und waren daher bald zur Nahrungsaufnahme fähig, so geschah die Regeneration vielfach in der folgenden Art und Reihenfolge, wobei je nach Regenerationsvermögen des betreffenden Teiles ein bestimmter Entwicklungsstand erreicht wurde:

Sofort nach der Isolierung kugelten sich die Medusenfragmente mehr oder weniger ab und veränderten zuweilen schon vor dem Auftreten sichtbarer Regenerationen ihre Form. Als erste Neubildung traten im Verlauf von 1—1$^1/_2$ Wochen 1—2 zuerst ungespaltene Tentakel auf. Außerdem entwickelte sich in manchen Fällen gleichzeitig oder wenig später eine blasige Ausstülpung des Ektoderms, im folgenden kurz als „Blase" bezeichnet. Auf diesem Stadium trug das Regenerat manchmal schon einen übergroßen Ocellus. Durchschnittlich nach 3$^1/_2$—4 Wochen war, sofern die Entwicklung des Regenerats weiter fortschritt, ein vollständiges Manubrium mit einem daran anschließenden, kleinen Magenraum entstanden und damit die Möglichkeit zur Nahrungsaufnahme und zu allen weiteren Regenerationsleistungen gegeben. Manubriumanlagen, die wieder resorbiert wurden, traten auch schon etwas früher auf. Überhaupt wurden die Neubildungen vielfach wieder eingeschmolzen, vor allem die Blasen, häufig auch ganze Tentakel. Den zweiten Tentakel erhielten die Fragmente oft erst nach 5—8$^1/_2$ Wochen, obwohl die Regenerate in diesen Fällen schon seit 2—5 Wochen mit winzigen *Artemia*-Stücken gefüttert worden waren. Medusen mit mehreren Tentakeln, Knospen oder Geschlechtsprodukten entstanden zwischen 3 und 13 Wochen (durchschnittlich nach 8 Wochen). Sie waren häufig verkrüppelt, trugen also etwa das Manubrium auf der Exumbrella und entwickelten oft schon mit 2—4 Tentakeln einen Brutraum. Vielfach brachten sie auch eine übergroße Anzahl von Tentakeln hervor, von denen einige auf der Exumbrella entstehen konnten und zum Teil 3- und 4fach oder auch gar nicht gespalten waren. Von 4 Regeneraten mit nur einem Tentakel erzeugten 2 durch Knospung gesunde sexuelle Tochtermedusen, die 2 anderen bildeten in einer großen, durchsichtigen Ektodermblase ausgewachsene Larven, besaßen aber keine Möglichkeit, sie zu entlassen (Abb. 48).

Abgerissene Tentakel werden von der Meduse mit Hilfe der I-Zellen regeneriert, die sich an der Tentakelbasis im Ektoderm ansammeln. Dies ließen die Vitalfärbungen mit Toluidinblau erkennen. So erklärt sich auch die Tatsache, daß von 15 implantierten Tentakelregeneraten einer in einer asexuellen Meduse Sexualität induzierte.

Die Isolierung von kleinsten Medusenstücken, die in ihrer Gewebezusammensetzung den Transplantaten entsprachen, führte zu folgenden Ergebnissen:

Sechs *Tentakel* blieben bis zu ihrem Zerfall nach etwa 6 Wochen außer einer Größenabnahme unverändert.

25 isolierte *Manubrien* brachten ebenfalls keinerlei Regenerate hervor, obgleich sie vom ersten Tage an regelmäßig gefüttert wurden. Sie zerfielen schon nach durchschnittlich 3 Wochen ($1^{1}/_{2}$—$4^{1}/_{2}$ Wochen, je nach ihrer ursprünglichen Größe).

Bei 25 Stücken aus der *Nesselringregion* gab es trotz ihrer vielen I-Zellen auch keine Neubildungen: Die Gewebeteilchen wurden kontinuierlich kleiner, bis ihr Rest nach durchschnittlich $6^{1}/_{2}$ Wochen zerfiel.

Von 12 der besonders kleinen Gewebestücke aus der *Ocellusregion* bildeten 3 Blasen + Tentakel, 3 nur einen Tentakel.

Abb. 48a u. b. Anomale Ausbildungen bei der Regeneration von Gewebestücken aus Manubrium-Nesselringaggregaten von *Eleutheria dichotoma*. In beiden Fällen entstanden ein freßfähiges Manubrium mit Magen, ein Tentakel (in a ungespalten) und 1 bzw. 2 Planulalarven, die in der hyalinen, geschlossenen Ektodermblase herumschwammen. In der Blase a befanden sich außerdem noch 2 Eier. Ausgangsmaterial: a Ein ganzes Manubrium mit $^{1}/_{6}$ Nesselring. b Je $^{1}/_{4}$ von Manubrium und Nesselring von ausgewachsenen Medusen. Etwa 45 × vergr.

Von 11 *Exumbrellateilen* (zusammen mit Brutraumgewebe und etwas Magenentoderm) regenerierten 4 eine Blase, 3 Blase + Tentakel, 1 Blase + Ocellus.

Setzte ich etwas größere Fragmente aus den bisher besprochenen Medusenstücken zusammen, so erhöhte sich die Regenerationsleistung: Von 6 Teilen, die 2 Ocellen mit dem sie verbindenden Ringkanal enthielten, ließen 1 eine Blase, 4 ein bis zwei Tentakel mit und ohne Blase und 1 eine Meduse entstehen. Isolierte ich verschiedenste Organe umfassende und daher etwas größere Kombinationen [wie Tentakel (*T*) + Nesselring (*Nrg*) + Ringkanal (*Rgk*) + Ocellus (*Oc*), *Tent.* + *Nrg.* + *Rgk.* + Manubrium (*Mb*) und *Mb.* + *Nrg.* + *Rgk.* + *Oc.*], so entwickelten sich in allen Fällen (18 Versuche) ± vollständige Medusen mit Knospen und Keimzellen.

Diese Ergebnisse zeigen das starke Regenerationsvermögen kleiner Medusenteile von *Eleutheria dichotoma* und die große Bedeutung der in ihnen enthaltenen I-Zellen für diese Vorgänge. *Nur die Medusenfragmente mit I-Zellen sind zu Regenerationen befähigt.* Daneben ergaben aber die Versuche mit isolierten Nesselringteilen, daß diese als reine

Ektodermgebilde trotz ihres außerordentlich hohen I-Zellengehaltes gar nicht zu regenerieren vermögen.

Enthielt das Medusenfragment aber in wechselnden Anteilen Nesselring- zusammen mit Manubriumgewebe, so bildete diese Vereinigung zweier für sich allein nicht regenerationsfähiger Stücke (beim Manubrium durch das Fehlen der I-Zellen bedingt) in 42 von 44 untersuchten Fällen ein Regenerat. Achtmal entstand zwar nur ein freßfähiges Manubrium mit einem Magen, zweimal zerfielen die Fragmente schon nach der Bildung von 1 und 2 Tentakeln, aber aus den restlichen 32 Stücken entstand jeweils eine Meduse. Abb. 49 gibt ein Beispiel für den Regenerationsverlauf bei einem Gewebestück, das aus je $^2/_3$ des Manubriums und Nesselrings einer ausgewachsenen *Eleutheria*-Meduse zusammengesetzt ist und wieder ein normales Tier regeneriert.

Dies alles spricht zusammen mit anderen Befunden (s. die im Schlußkapitel S. 449 besprochene Arbeit von PAPENFUSS und BOKENHAM 1939) sehr dafür, *daß die I-Zellen zwar das Material für die Regenerationsleistung liefern, daß sie aber dabei in ihrem Differenzierungsvermögen nicht autonom, sondern von einer Induktionswirkung bereits vorhandenen, differenzierten Gewebes abhängig sind.* So können neue Entodermzellen aus I-Zellen anscheinend nur in Verbindung mit bereits differenziertem Entodermgewebe entstehen (vgl. auch die Entodermbildung bei der Knospung). Drei von den zuletzt erwähnten Versuchen zeigten deutlich, daß schon geringe, nur bei starker Vergrößerung erkennbare Mengen von Manubriumgewebe genügen, um aus den I-Zellen eines ausreichend großen Nesselringstückes ein Regenerat hervorgehen zu lassen. In allen diesen 3 Fällen entstand eine vollständige Meduse, die nach 3—4 Wochen geschlechtsreif wurde. Es war aber mindestens $^1/_6$ des Nesselrings einer Meduse von etwa 1—1,2 mm Schirmumfang (Beginn der Brutraumbildung) nötig, um in Verbindung mit Manubriumgewebe eine ganze Meduse zu bilden.

In diesem Zusammenhang ist es auch zu verstehen, daß 14 *Knospen,* die vor der Spaltung ihrer Tentakel isoliert wurden, sich kaum veränderten und im Verlauf von einer Woche zerfielen. Die Gewebe der Knospen sind auf diesem Stadium, wie die Schnittpräparate zeigen, noch kaum differenziert. Sie können daher wohl auch noch keinen determinierenden Einfluß auf die vielen in der Knospe vorhandenen I-Zellen ausüben. In der wachsenden Knospe erfolgt diese Determination wahrscheinlich durch den Knospenstiel hindurch von den differenzierten Geweben des Muttertiers her. Zu dieser Annahme führen Befunde von HAUENSCHILD (1956), in dessen ähnlichen Versuchen sich aus 52 von Polypen erzeugten Primärmedusenknospen, die vor der Tentakelspaltung isoliert wurden, 8 zu Polypen entwickelten, von denen 3 anfangs mit für Polypen atypisch langen Tentakeln ausgestattet waren.

Daß auch in Verbindung mit dem Polypen die Determination der Knospe zur Meduse ausbleiben kann, zeigt eine Beobachtung an *Clado-*

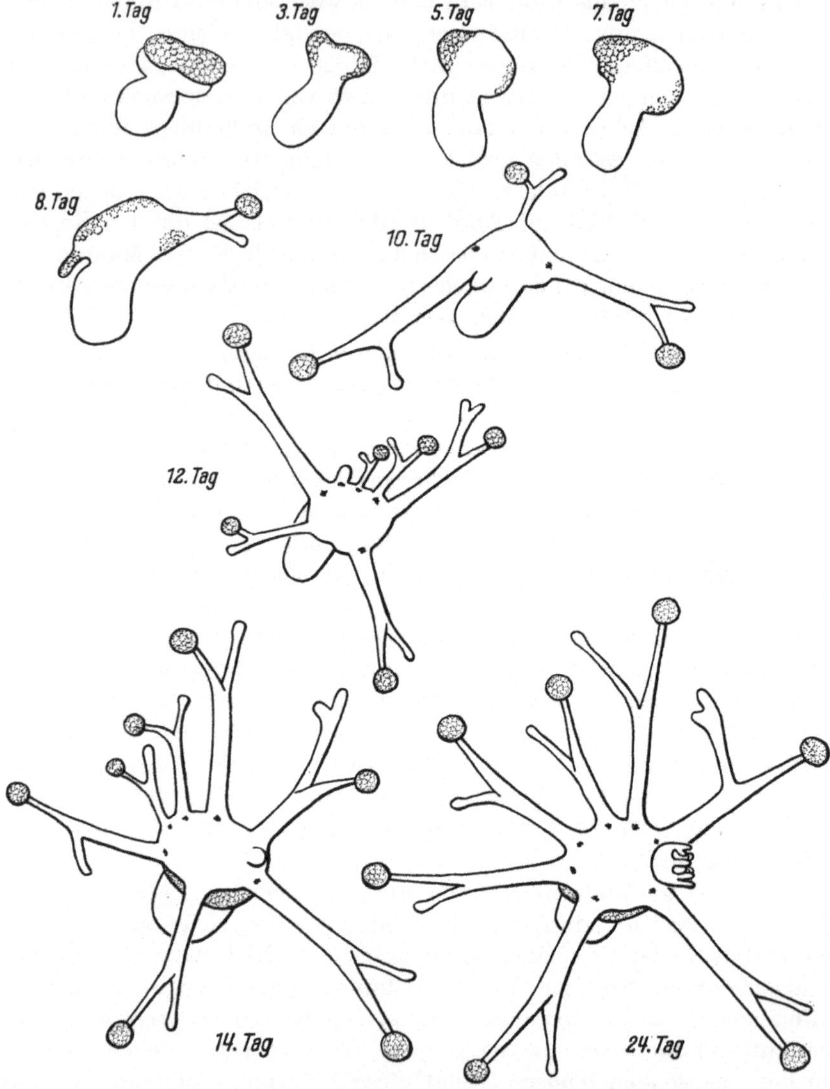

Abb. 49. Beispiel für den Regenerationsverlauf bei einem Gewebestück, das aus je ²/₃ des Manubriums und Nesselrings einer ausgewachsenen *Eleutheria*-Meduse besteht. Die Ocellen entwickeln sich auf ganz verschiedenen Stadien der Tentakelausbildung. (Das Nesselringgewebe und die Nesselknöpfe der Tentakel wurden punktiert dargestellt.) Etwa 45 × vergr.

nema radiatum. An einem Polypen entwickelte sich eine Knospe statt zur Meduse zu einem vollständig ausgebildeten Hydranthen, der sich nicht vom Muttertier trennte (Abb. 50). Dieser Sekundärpolyp besaß einen anomalen, in der Mitte abgeknickten Tentakel, der an der Knickstelle einen zusätzlichen Nesselwulst aufwies. Die gleiche Bildung konnte jedoch auch bei vielen Tentakeln normaler Polypen festgestellt werden.

Sind die Tentakel der Medusenknospen bei der Abtrennung bereits etwas gespalten, so entwickeln sich diese Knospen stets zu vollständigen Medusen weiter. Erst auf diesem Stadium sind in den Knospen alle Organe angelegt, und die Ausdifferenzierung der Gewebe ist weit genug fortgeschritten, um autonom beendet werden zu können.

Das Regenerationsvermögen der *Campanularia johnstoni*-Meduse ist im Gegensatz zu *Eleutheria* äußerst gering. Die Versuche ließen sich daher in bezug auf die Rolle der I-Zellen nicht auswerten. Von 20 Medusen, denen das Manubrium mit mehr oder weniger großen Teilen der Umbrella oder der Ringkanal mit den Tentakeln abgetrennt wurden, brachten nur 7 Neubildungen hervor, wobei nur 2 etwas unregelmäßige Medusen entstanden. 25 halbierte Medusen zogen sich alle zu einer asymmetrischen Glocke zusammen; aber nur 4 regenerierten,

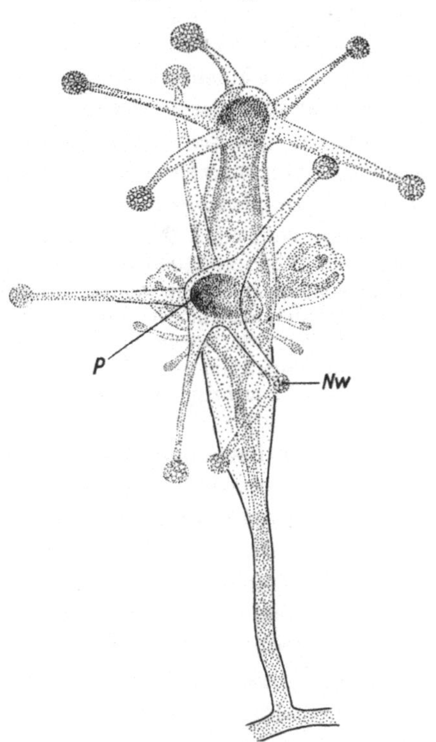

Abb. 50. *Cladonema radiatum*-Polyp, der anstelle einer Meduse durch Knospung einen weiteren, sich nicht ablösenden Hydranthen hervorbrachte. Etwa 50 × vergr. *Nw* Nesselwulst; *P* zweiter Polyp

und nur bei 2 von ihnen entstand wieder eine vollständige Meduse. Alle anderen gingen schnell ein. Zehn Viertelmedusen zerfielen ohne Veränderungen nach wenigen Tagen. Ebenso 10 Manubrien und 9 Gonaden.

Nach PASTEELS (1941) hat die Meduse von *Cladonema radiatum* auch nur ein sehr beschränktes Regenerationsvermögen. Sie kann das Manubrium neu bilden, in kleinem Umfang auch Tentakel, aber keine Schirmteile. Auch bei *Cladonema* sind isolierte Manubrien und Tentakel nicht regenerationsfähig.

XI. Besprechung der Ergebnisse

Nach der ursprünglichen und heute noch vielfach verbreiteten Auffassung entstehen die Knospen der Hydroiden durch Ausstülpung der

beiden Keimblätter unter Umbildung und Teilung ihrer differenzierten
Zellen. Die Bedeutung der interstitiellen Zellen (hier I-Zellen genännt)
für die Knospung erkannte LANG (1892) als erster. Seine Untersuchungen
stehen jedoch ganz unter dem Einfluß der Weismannschen Knospungs-
keimplasma-Idee, und er nimmt an, daß die Kospuung nur von einer ein-
zigen I-Zelle des Ektoderms ausgeht. Die Knospenbildung aus einer Ansammlung von I-Zellen beschrieben fast gleichzeitig TANNREUTHER (1909)
und HADZI (1910) für *Hydra* und BOULENGER (1910) für die Meduse *Moerisia lyonsi*. Die Befunde an *Hydra* wurden noch mehrmals weitgehend
bestätigt (SCHULZE 1918, GELEI 1925), und später wies KIRCHNER (1935)
auch bei *Cordylophora caspia* eine Knospenentstehung aus I-Zellen nach.

Bei den Margeliden *Lizzia Claparedei* und *Rathkea octopunctata* stellten BRAEM
(1908) und WERNER (1956) wie auch schon ältere Autoren eine Knospenbildung
aus ausschließlich ektodermalen, „indifferenten" Zellen fest. Die Autoren ver-
meiden offenbar absichtlich ganz die seit KLEINENBERG (1872) eingeführte Bezeichnung I-Zellen. Sie beschreiben lediglich den gleichen Ursprung von Knospen-
bildungszellen und jungen Keimzellen aus diesen „indifferenten" Zellen, um daraus
auf einen nicht prinzipiellen, sondern nur graduellen Unterschied in der Bildung
der Knospe und der Eientwicklung zu schließen.

In der vorliegenden Arbeit wird die große Bedeutung der I-Zellen für
die Knospung erstmalig auch an marinen Hydroiden bewiesen. Somit ist
die Knospenentstehung aus I-Zellen als eine ursprüngliche Eigenschaft der
Hydroiden anzusehen. Die untersuchten Anthomedusen *Eleutheria dichotoma* und *Cladonema radiatum* und die Leptomeduse *Campanularia johnstoni* durchlaufen dabei die gleichen Entwicklungsstadien, ob sie nun
an einer Meduse, einem Hydranthen oder einem Blastostyl entstehen.

BOULENGERs und HADZIs Wiedergabe des Knospungsvorgangs stimmt
im wesentlichen mit meinen Befunden überein. Die Knospenentwicklung beginnt mit einer örtlich begrenzten Ansammlung und Vermehrung
von I-Zellen im Ektoderm der Knospungszone. Einige der I-Zellen
wandern durch die Stützlamelle ins Entoderm ein, um von hier aus das
Knospenentoderm zu bilden. Das Übertreten von I-Zellen, Cniden und
Geschlechtszellen von einem Keimblatt in das andere ist bei Hydroiden
häufig beschrieben worden und erfolgt danach an manchen Stellen sehr
zahlreich. Die Stützlamelle scheint also diesen Wanderungen keinen
bedeutenden Widerstand entgegenzusetzen. Offenbar wird sie jeweils
auf kleinstem Raum aufgelöst; denn im Zentrum junger Knospenanlagen,
wo mehrere I-Zellen gleichzeitig in das Entoderm eintreten, ist die
Stützlamelle zeitweise gar nicht nachzuweisen (Abb. 25, 34, *Kn II*).
Nach KIRCHNER (1935) sollen sich außer der Stützlamelle auch Ektoderm
und Entoderm des *Cordylophora caspia*-Polypen am Entstehungsort der
jungen Knospe auflösen. Dies ist jedoch nach allen bisherigen Unter-
suchungsergebnissen unglaubhaft. Die vorliegende Arbeit bestätigt die
Befunde von HADZI und BOULENGER, daß die I-Zellen das Ektoderm und
Entoderm des Knospungsortes durchsetzen und weitgehend verdrängen.

Die I-Zellen bilden also das Ausgangsmaterial für beide Keimblätter der Knospe. Die Annahme BOULENGERS (1910), daß das Knospenentoderm von *Moerisia* nur zum Teil aus I-Zellen, in der Hauptsache aber durch Teilung der mütterlichen Entodermzellen entsteht, beruht vielleicht auf der auch von mir beobachteten Tatsache, daß sich unter den jungen Knospen das Entoderm des Muttertiers verändert.

Am Ansatz des Gonostyls im Entoderm des Polypen und im Ringkanal der Muttermeduse direkt unterhalb der jungen Knospe findet man bei *Eleutheria* während der Knospung zeitweise sehr dichte und sich z. B. mit Giemsa stark anfärbende Zellen mit relativ großen Kernen. Demgegenüber ist das etwas weiter von der Knospe entfernt liegende Entoderm bis auf einige angefärbte Nahrungs- und Exkretstoffe sehr hell. Für die Medusenknospe am *Eleutheria*-Polypen ließ sich nachweisen, daß diese Veränderung hauptsächlich auf eine weitgehende Verdrängung der Entodermzellen durch eingewanderte, sich differenzierende I-Zellen zurückzuführen ist. Auch bei den Sekundärmedusenknospen von *Eleutheria* spricht eine mehrfach festgestellte, geringe Zunahme der Zahl der mütterlichen Ringkanalzellen unterhalb der Knospe dafür. Außerdem verursacht aber auch eine Intensivierung des Stoffwechsels mit einer Stoffanreicherung unterhalb der Knospe Veränderungen der ursprünglichen Entodermzellen. Auch GELEI (1925) beschreibt eine Entodermveränderung. Er beobachtete sie bei *Hydra grisea* aber schon vor Beginn der Knospenanlage. Nach GELEI vermehren sich die Entodermzellen zunächst und nehmen an Größe zu. Erst die damit einhergehende Nährstoffanreicherung soll die Knospe induzieren. Jetzt sammeln sich die I-Zellen im Ektoderm an und wandern durch die sich im Zentrum der Anlage verdünnende Stützlamelle ins Entoderm ein. Gegenüber diesen Ergebnissen konnte ich die Entodermveränderung immer erst dann feststellen, nachdem sich die Knospenanlage aus I-Zellen bereits gebildet hatte.

Im weiteren Verlauf der Knospenentwicklung differenziert sich auch jedes einzelne *Organ* der Medusenknospe aus einem von I-Zellen gebildeten Blastem. Zu Beginn werden Glockenkern und Spadix als eine zunächst einschichtige Lage von I-Zellen gebildet, aus denen durch Vermehrung und Differenzierung die Wand der Glockenhöhle und das Manubrium hervorgehen. Auf die im Gegensatz hierzu stehende Ansicht KÜHNs (1910), dem eine Knospenentstehung aus I-Zellen nur für *Hydra* (HADZI 1910) bekannt war, wurde bereits auf S. 420 hingewiesen. Erst wenn die Meduse nach der Ausdifferenzierung der Tentakel aus den I-Zellansammlungen im Ektoderm des Ringkanals fertiggestellt ist, kommen die I-Zellen in größerer Anzahl nur noch in den begrenzten Nesselkapselbildungslagern der Meduse vor, aus denen sie bei Bedarf zu allen Verbrauchsorten, wie z. B. der Knospungsregion, auswandern.

Die *Differenzierung* von I-Zellen in spezialisierte Zellen ist an Zwischenstadien zu verfolgen. Zunächst verändert sich dabei nur die Ge-

stalt der I-Zellen, während ihre starke basophile Färbbarkeit und ihr
großer, heller Kern noch erhalten bleiben, bis sich die Zelle stärker
vergrößert und differenziert. Diese Befunde stimmen mit den ein-
gehenderen cytologischen Untersuchungen Kirchners (1935) an *Cordylophora* überein.

Auch noch die junge, kaum spezialisierte Zelle ist in gewissem Umfang zu Teilungen befähigt. Das *Teilungsvermögen* bleibt im Entoderm
wesentlich länger als im Ektoderm erhalten, das eine schnellere vollständige Ausdifferenzierung seiner Zellen erkennen läßt. Auch zu einer
begrenzten Umdifferenzierung sind besonders die Entodermzellen, jedoch nur innerhalb desselben Keimblattes, befähigt. Zawarsin (1929)
und Strelin (1929) geben an, daß sich bei der Regeneration von *Hydra*
Entodermzellen in die besonders stark differenzierten Schleimzellen der
Mundscheibe umzuwandeln vermögen. In der Knospe spielen diese
Vorgänge gegenüber der Teilung und Differenzierung von I-Zellen nur
eine untergeordnete, sekundäre Rolle, haben aber für einige wenige
Bildungen doch eine Bedeutung. So wachsen aus den jungen Entoderm-
zellen der Radiärkanäle in ganzer Länge seitlich die Umbrellarplatten
aus. Einzelne I-Zellen in ihnen zeigen jedoch, daß auch sie bei ihrer
Ausbildung mitwirken. Die Radiärkanäle selbst entstehen mit Hilfe von
Teilungen junger Entodermzellen; in ihnen sind ebenfalls nur sehr wenige
I-Zellen zu finden. Auch Mattes (1925), Wermel (1926) und Goetsch
(1929) beschreiben Teilungen junger Entodermzellen bei Hydriden.

Eine *Entdifferenzierung* von Epithelmuskelzellen zu I-Zellen, wie sie
Brien (1941) beschreibt, halte ich nach meinen Befunden für unmöglich. Nach Brien entsteht die Medusenknospe von *Cladonema radiatum*
aus den Ektoderm- und Entodermzellen des Knospungsbereichs, die
sich zunächst völlig entdifferenzieren, sich lebhaft teilen und dann zu
allen Zellarten der Knospe, also auch zu Geschlechtszellen und I-Zellen,
umwandeln sollen.

Auch im voll entwickelten Tier kommt den I-Zellen als *embryonale
Zellreserve* größte Bedeutung zu. Ebenso wie die Primärtentakel entstehen auch die Sekundärtentakel der *Campanularia*-Meduse aus einer
Ansammlung von I-Zellen im Ektoderm des Ringkanals, durch deren
fortlaufende Vermehrung und Differenzierung der Tentakel auswächst.

Nach eigenen *Regenerationsversuchen* liefern vorwiegend die I-Zellen
das für diese Vorgänge benötigte Material. Eine Regeneration ganz
ohne I-Zellen ist nicht möglich. Daher sind isolierte Tentakel, die keine
I-Zellen enthalten, niemals regenerationsfähig, wie es auch schon
Downing (1905) und Kanajew (1913) beobachteten. Regenerative
Neubildungen hängen aber nicht ausschließlich von der Zahl und dem
Vorhandensein der I-Zellen ab. Da sie keine Fähigkeit zur Selbst-
differenzierung besitzen, brauchen die I-Zellen zur Bildung bestimmten
Gewebes unbedingt einen Kontakt mit differenzierten Zellen. Das be-

weisen HAUENSCHILDs (unveröffentlicht) und meine eigenen Ergebnisse bei der Kultivierung von isolierten Nesselringstücken. Trotz ihres hohen I-Zellengehaltes bringen sie keine Regenerationsleistung hervor. Werden jedoch kleinste Nesselringfragmente mit Manubriumgewebe kombiniert, das für sich allein infolge ihm fehlender I-Zellen auch nicht regenerationsfähig ist, so entstehen daraus in fast allen Versuchen ganze Medusen. In diesem Fall vermögen die I-Zellen des Ektoderms im Kontakt mit dem Manubriumentoderm auch Entoderm auszubilden, dessen Fehlen vorher die Regeneration unmöglich machte (vgl. die Entodermbildung in der Knospe). In reinen Ektodermstücken kann sich jedoch wahrscheinlich ein Teil der I-Zellen zu Ektoderm differenzieren, denn in Versuchen von BEADLE und BOOTH (1937) bildeten sich aus isoliertem *Cordylophora*-Ektoderm Blasen, wie sie auch in meinen Regenerationsversuchen an *Eleutheria* häufig im ersten Stadium der Regeneration auftraten. BEADLE und BOOTH (1937) stellen aber wie PAPENFUSS und BOKENHAM (1939) bei der Kultivierung von isoliertem Ektoderm und Entoderm von *Cordylophora* bzw. *Hydra* fest, daß *beide* Epithelien allein kein Regenerationsvermögen besitzen.

Eine große Zahl von Autoren mißt den I-Zellen für die Regenerationsvorgänge keine entscheidende Rolle zu. Es überwiegen aber die Arbeiten, die ihnen die Hauptaufgabe dabei zuerkennen. Es seien hier nur wenige der neueren Arbeiten erwähnt, um das Problem anzudeuten.

Eine untergeordnete Rolle der I-Zellen bei der Regeneration vertreten unter anderen KANAJEW (1930, entgegen seinen früheren Arbeiten) und HONCZEK (1934). HONCZEK befaßt sich mit der Regeneration des an einigen Stellen abgeschabten Entoderms von *Hydra*. Bei dieser Untersuchungsmethode ist es aber von vornherein zu erwarten, daß HONCZEK kein Einwandern von I-Zellen und keine erhöhten Mitosen feststellen konnte, denn Wunden solcherart werden bei Hydroiden allgemein dadurch verschlossen, daß sich die umgebenden Epithelzellen über sie ausbreiten. — Auch KANAJEW meint, daß die differenzierten Elemente der Epithelien sich umbilden und vermehren und auf diese Weise das Material für die Regeneration (und Knospenbildung) liefern können; KANAJEW zerschnitt *Hydren* quer in der Körpermitte und ließ sie regenerieren. Die Wunde wird nach seinen Angaben durch differenzierte Zellen verschlossen, deren Stoffwechsel aktiviert wird. Besonders die Entodermzellen erscheinen dabei im Präparat dunkler. KEDROWSKI (1941) erklärt diese Erscheinung bei der Regeneration mit einer sekundären Basophilie des Zellplasmas, mit der eine Erhöhung der Zellteilungsfähigkeit einhergehen soll.

In diesem Zusammenhang sind die Versuche von BRIEN und VAN DEN EECKHOUDT (1953) und BRIEN und RENIERS-DECOEN (1955) sehr wichtig. Die Autoren setzten *Hydra* Röntgenstrahlen aus und stellten im histologischen Bild fest, daß die I-Zellen dabei am stärksten geschädigt wurden und daß sie alle durch Auflösung bis zum vierten Tag nach der Behandlung verschwunden waren. Trotzdem konnten an diesen *Hydren* noch 1—2 Knospen erscheinen und sich zu Polypen entwickeln, die aber durch das Fehlen von Nesselzellen nicht lebensfähig waren. Daß die I-Zellen aber nicht nur wegen der Ausbildung von Nesselzellen lebensnotwendig sind, zeigt das Ergebnis der späteren Arbeit. Bei bestrahlten *Hydren*, die 4 Tage nach der Behandlung längs oder quer durchschnitten wurden, verlief der Wundverschluß und der Beginn der Organogenese zwar normal, danach zerfielen die regenerierenden *Hydren* aber. I-Zellen wurden bei diesen Vorgängen nicht beobachtet, obwohl sie bei der Regeneration gesunder *Hydren* nach Angabe der Autoren sehr aktiv sind. Werden jedoch Teile gesunder *Hydren* auf bestrahlte, artgleiche Tiere gepfropft, wandern I-Zellen in den bestrahlten Teil ein, teilen und differenzieren sich hier und bewirken die Genesung der bestrahlten Tiere. Der I-Zellenaustausch ist nach diesen Autoren streng artspezifisch, während EVLAKHOVA (1946) in ähnlichen Versuchen aus bestrahlten *Pelmatohydra oligactis*-Stücken, die er auf gesunde *Hydra attenuata* pfropfte, Tentakelregenerate mit *Hydra*-Cniden erhielt. Auch MATTES (1925) und KANAJEW (1926) beschreiben, daß die Wundheilung zunächst zwar durch differenzierte Zellen erfolgt, die eigentliche Regeneration aber nur mit Hilfe von I-Zellen möglich ist.

Im Gegensatz zu BRIEN u. Mitarb. kamen ZAWARSIN (1929), STRELIN (1929) und EVLAKHOVA (1946) (zitiert bei TARDENT 1954) alle zu dem Ergebnis, daß *Hydren*, deren I-Zellen durch Röntgenstrahlen zerstört wurden, zu keinerlei Regenerationsleistung befähigt sind und vertreten die Annahme, die auch durch viele andere der früheren Arbeiten gestützt wird, daß für alle Neubildungen im wesentlichen nur die I-Zellen in Frage kommen (GOETSCH 1929).

TARDENT (1954) lieferte einen wichtigen Beitrag zur Klärung der Regenerationsvorgänge bei Hydrozoen. In seiner gründlichen Arbeit prüfte er an der Frage der Regeneration als erster, ob eine direkte Beziehung zwischen den morphogenetischen Vorgängen und der Verteilung der I-Zellen besteht. Durch Auszählen der I-Zellen des Ektoderms stellte er für *Hydra* und *Tubularia* einen Verteilungsgradienten der I-Zellen fest. Damit konnte er den Verbrauch von I-Zellen bei der Regeneration exakt nachweisen. Das Regenerationsvermögen ist in bezug auf das Zellmaterial direkt abhängig von der Zahl der I-Zellen. Eine Erschöpfung des I-Zellenmaterials nach zweimaliger Regeneration beschrieb auch schon KANAJEW (1926).

In späteren Arbeiten (1954, 1955, 1956a, 1956b, 1958) wies TARDENT an *Tubularia* experimentell einen stofflichen, hemmenden Einfluß auf das Regenerationsgeschehen nach. Der Regenerationsablauf ist damit in erster Linie von stofflichen Faktoren abhängig, denen das Zellmaterial untergeordnet ist.

TARDENT (1954) unterscheidet zwischen reiner Regeneration und morphallaktischen *Reorganisationsprozessen*. Die Frage, ob und inwieweit sich I-Zellen an letzteren beteiligen, ist seiner Ansicht nach noch nicht geklärt, er hält es aber für wahrscheinlich, „daß rein morphallaktische Vorgänge ohne Beteiligung der I-Zellen ablaufen können" (S. 629). Es handelt sich dabei ja nicht um eine Neubildung von Gewebe, sondern nur um eine Umordnung des vorhandenen Materials. Zu dem Ergebnis einer nur untergeordneten Rolle der I-Zellen bei der Reorganisation kamen auch BEADLE und BOOTH (1937), RELLA (1942) und LEHN (1953) bei Dissoziierungsversuchen an *Cordylophora*, *Hydra* und *Pelmatohydra*. Die letzteren Autoren zerkleinerten die Hydriden in 30—60 Fragmente, aus denen durch Reorganisationsvorgänge wieder Polypen hervorgingen. Das Ergebnis von HARGITT (1915), der mehrere Hydroidenarten durch ein Tuch preßte und danach eine völlige Entdifferenzierung zu embryonalen Zellen feststellte, erscheint nicht mehr glaubhaft.

Die Bedeutung der I-Zellen für die *geschlechtliche Fortpflanzung* ist heute allgemein anerkannt. Durch histologische Untersuchungen wurde mehrfach gezeigt, daß sich die Keimzellen aus I-Zellen entwickeln. Dies trifft auch für die hier untersuchten Arten zu. Der erste experimentelle Beweis für die wichtige Rolle der I-Zellen bei diesen Vorgängen konnte nun an *Eleutheria* erbracht werden. Transplantationen von Gewebestücken normaler Tiere in asexuelle Medusen haben gezeigt, daß den I-Zellen die entscheidende Bedeutung für die Ausbildung der geschlechtlichen Differenzierung zukommt, da sie das Material zur Entwicklung des Brutraums und der Keimzellen liefern. Aus den Ergebnissen geht aber auch hervor, daß nicht allein das Vorhandensein von I-Zellen aus normalen Medusen in den asexuellen Tieren die Sexualität auszulösen vermag, sondern daß auch noch andere Faktoren die Differenzierungsleistung der I-Zellen des Implantats bestimmen. So befinden sich z.B. in den von Polypen und jungen Primärmedusen erzeugten Knospen viele I-Zellen, die aber ganz offenbar für die Übertragung der Sexualität noch nicht wirksam sind. Diese Erscheinung ist damit in Zusammenhang zu bringen, daß die Primärmeduse erst später als die Sekundärmeduse ihren Brutraum ausbildet. Offenbar ist diese Fähigkeit in ihr und damit auch in ihren ersten Knospen auf dem Stadium der Transplantation noch nicht aktiviert und daher auch nicht übertragbar.

In der *Embryonalentwicklung* treten die I-Zellen erstmalig im frühen Parenchymula-Stadium im Entoderm der jungen Larve auf. Zunächst beteiligen sich die I-Zellen an der Entwicklung nur durch Differenzierung in Cnidocyten, die schließlich in das Ektoderm auswandern. Die etwas später im Ektoderm erscheinenden I-Zellen vermehren sich stark und bilden vorerst keine Cniden. In der ausgewachsenen Planula nimmt die Umbildungs- und Teilungsfähigkeit des Ekto- und Entoderms durch ihre fortschreitende Differenzierung so weit ab, daß bei den weiteren Neubildungen während der Metamorphose nun die I-Zellen als embryonale Reserve das erforderliche Material liefern. Nur mit ihrer Hilfe können z.B. Peristom und Tentakel ausgebildet werden.

Somit vollbringen die I-Zellen alle mit Zellvermehrung und Gewebeneubildung verbundenen, postembryonalen Entwicklungsleistungen, vor allem die geschlechtliche und vegetative Fortpflanzung sowie die Regeneration. In dieser Hinsicht sind die I-Zellen der Hydrozoen mit den Ersatzzellen der Turbellarien und den Neoblasten der Oligochaeten zu vergleichen, deren entscheidende Aufgabe vor allem bei Regenerationsvorgängen mehrfach nachgewiesen wurde (STEPHAN-DUBOIS 1951).

XII. Zusammenfassung

1. Die Frage nach der Bedeutung der interstitiellen Zellen (I-Zellen genannt) der Hydrozoen ist trotz zahlreicher vorangegangener Arbeiten auf diesem Gebiet noch umstritten. Die vorliegende Arbeit beschäftigt sich mit der Rolle der I-Zellen bei der Entwicklung und Fortpflanzung der Cladoneminen *Eleutheria dichotoma* QUATR. 1842 und *Cladonema radiatum* DUJ. 1843 (Anthomedusen) und der Leptomeduse *Campanularia johnstoni* ALDER 1856.

2. Die ersten I-Zellen treten in der jungen Larve von *Eleutheria* im Entoderm auf, wo sie zunächst nur Nesselkapseln bilden. Erst beim Auswachsen der differenzierten Planula zum Polypen werden sie in beiden Keimblättern auch zur Bildung der neuen Organe herangezogen.

3. Histologische Untersuchungen geben Kenntnis vom Aufbau der Medusen und Polypen und vom Vorkommen und der Verteilung der I-Zellen in ihnen. Diese befinden sich beim Polypen im Ektoderm von Hydrocaulus und Hydrorhiza, bei der Meduse in ektodermalen Lagern an der Tentakel- oder Velumbasis und im Manubriumentoderm. An diesen Stellen vermehren sie sich, bilden die Nesselkapseln und wandern bei Bedarf zu den Verbrauchsorten, z.B. der Knospungszone und den Gonaden aus.

4. Antho- wie Leptomedusen entstehen an der Meduse, dem Polypen oder dem Blastostyl in gleicher Weise aus I-Zellen, die sich im Ektoderm anhäufen und durch die Stützlamelle auch ins Entoderm eindringen. Dabei werden nicht nur die ganzen Knospenanlagen, sondern auch ihre einzelnen Organe als Ansammlungen von I-Zellen angelegt. Die einzelnen Stadien der Knospenbildung und das Verhalten der I-Zellen bei diesem Vorgang werden nach Schnittpräparaten beschrieben.

5. Die vor allem im jungen Entoderm in gewissem Maße noch vorhandene Teilungs- und Umbildungsfähigkeit der kaum spezialisierten Zellen spielt bei der Knospenbildung nur eine sekundäre, untergeordnete Rolle.

6. Auch im voll entwickelten Tier bleiben die I-Zellen als embryonale Zellreserve von größter Bedeutung. Die Sekundärtentakel von *Campanularia* entstehen wie ihre Primärtentakel aus I-Zellen.

7. Regenerationsversuche mit verschiedenen Fragmenten der Meduse erweisen, daß ohne I-Zellen keine Regeneration möglich ist.

8. Bei *Eleutheria* traten neben den normalen, geschlechtlich differenzierten Medusen auch asexuelle Tiere auf, deren vegetative Nachkommen sich Jahre hindurch ausschließlich durch Knospung fortpflanzten. Durch Implantation von Gewebe normaler Tiere konnte in ihnen die Fähigkeit zur geschlechtlichen Differenzierung wieder induziert werden. Maßgeblich hierfür ist die Übertragung von I-Zellen mit der Potenz zur Keimzellenbildung.

9. Aus den Transplantations- und Regenerationsversuchen geht hervor, daß die I-Zellen zwar in ihren Differenzierungsleistungen nicht autonom sind, sondern einer gewissen Induktionswirkung differenzierten Gewebes bedürfen, daß aber andererseits das Material für alle Fortpflanzungs- und Regenerationsvorgänge im wesentlichen von ihnen geliefert wird.

10. Die Ergebnisse werden im Vergleich mit anderen Untersuchungen an Hydroiden besprochen.

XIII. Literatur

Alder, J.: A catalogue of the Zoophytes of Northumberland and Durham. Tr. Tynes N. Field Club Newcastle **5**, 3 (1857). — Beadle, L. C., and F. A. Booth: The reorganisation of tissue masses of *Cordylophora lacustris* and the effect of oral cone grafts with supplementary observations on *Obelia gelatinosa*. J. exp. Biol. **15**, 303—326 (1938). — Berrill, N. J.: Growth and form in calyptoblastic hydroids. I. Comparison of a campanulid, campanularian, sertularian, and plumularian. J. Morph. **85**, 297—335 (1949). — II. Polymorphism within the Campanularidae. J. Morph. **87**, 1—26 (1950). — BOULENGER, C. L.: On the origin and migration of the stinging-cells in Craspedote Medusae. Quart. J. micr. Sci. **55**, 763—782 (1910). — BRAEM, F.: Die Knospung der Margeliden, ein Bindeglied zwischen geschlechtlicher und ungeschlechtlicher Fortpflanzung. Biol. Zbl. **28**, 790—798 (1908). — Die ungeschlechtliche Fortpflanzung als Vorläufer der geschlechtlichen. Biol. Zbl. **30**, 367—379 (1910). — Die Knospung von *Eleutheria* und der Margeliden. Biol. Zbl. **32** (1912). — BRAUER, A.: Über die Entwicklung von *Hydra*. Z. wiss. Zool. **52**, 169—216 (1891). — BRIEN, P.: Remarques au sujet des conceptions rélatives á l'existance et à la pérennité, chez les Hydroides, d'une réserve embryonaire et d'une lignée germinale, à propos du bourgeonnement et des potentialités de l'ectoderme de *Cladonema radiatum* DUJ. Ann. Soc. roy. zool. Belg. **72**, 37—62 (1941). — BRIEN, P.: Etudes sur deux Hydroides gymnoblastiques, *Cladonema radiatum* (DUJ.) et *Clava squamata* (O. F. MÜLLER). Mém. Acad. roy. Sci. Belg. **20**, 1—116 (1942). — La Pérennité somatique. Biol. Rev. **28**, 308—349 (1953). — BRIEN, P., et J. P. VAN DEN EECKHOUDT: Bourgeonnement et régénération chez les *Hydres* irradiées par les rayons X. C.R. Acad. Sci. (Paris) **237**, 756—758 (1953). — BRIEN, P., et M. RENIERS-DECOEN: La signification des cellules interstitielles des *Hydres* d'eau douce et le problème de la réserve embryonaire. Bull. biol. France Belg. **89**, 258—325 (1955). — CROWELL, S.: The regression-replacement cycle of hydranths of *Obelia* and *Campanularia*. Physiol. Zool. **26**, 319—327 (1953). — Differential responses of growth zones to nutritive level, age, and temperature in the colonial hydroid *Campanularia*. J. exp. Zool. **134**, 63—90 (1957). — CROWELL, S., and M. RUSK: Growth of *Campanularia* colonies. Biol. Bull. **99**, 357 (1950). — CROWELL, S., and CH. WYTTENBACH: Factors effecting terminal growth in the hydroid *Campanularia*. Biol. Bull. **113**, 233—244 (1957). — DOWNING, E. R.: The spermatogenesis of *Hydra*. Zool. Jb., Abt. Anat. u. Ontog. **21**, 379—427 (1905). — The ovogenesis of *Hydra*. Zool. Jb., Abt. Anat. u. Ontog. **28**, 295—324 (1909). — DUJARDIN, F.: Observations sur un nouveau genre de Médusaires, provenant de la métamorphose des *Syncorynes*. Ann. Sci. natur. (2), Zool. **20**, 370—373 (1843). — Mémoire sur le développement des méduses et des polypes hydraires. Ann. Sci. natur. (3) Zool. **4**, 271—275 (1845). — GELEI, J. v.: Über die Sproßbildung bei *Hydra grisea*. Z. wiss. Biol., Abt. D **105**, 633—654 (1925). — GOETSCH, W.: Das Regenerationsmaterial und seine experimentelle Beeinflussung. Z. wiss. Biol., Abt. D **117**, 211—311 (1929). — GOETTE, A.:Vergleichende Entwicklungsgeschichte der Geschlechtsindividuen der Hydropolypen. Z. wiss. Zool. **87**, 1—337 (1907). — HADZI, J.: Die Entstehung der Knospe bei *Hydra*. Arb. zool. Inst. Wien **18**, 1—20 (1910). — Bemerkungen über die Knospenbildung bei *Hydra*. Biol. Zbl. **31**, 108—111 (1911). — HARGITT, C. W.: Regenerative potencies of dissociated cells of hydromedusae. Biol. Bull. **28**, 370—384 (1915). — HARM, K.: Die Entwicklungsgeschichte von *Clava squamata*. Z. wiss. Zool. **73**, 115—167 (1903). — HARTLAUB, C.: Über den Bau von *Eleutheria* Quatref. Zool. Anz. **9**, 706—711 (1886). — Zur Kenntnis der Cladonemiden. Zool. Anz. **10**, 651 bis 658 (1887). — HAUENSCHILD, C.: Keimbahn bei einer Hydromeduse. Naturwiss. **41**, 556 (1954). — Über die Vererbung einer Gewebeverträglichkeitseigenschaft bei dem Hydroidpolypen *Hydractinia echinata*. Z. Naturforsch. **11**b, 132—138 (1956). — Experimentelle Untersuchungen über die Entstehung asexueller Klone bei der Hydromeduse *Eleutheria dichotoma*. Z. Naturforsch. **11**b, 394—402 (1956). — Ergänzende Mitteilungen über die asexuellen Medusenklone bei *Eleutheria dichotoma*. Z. Naturforsch. **12**b, 412—413 (1957). — Versuche über die Wanderung der Nesselzellen bei der Meduse von *Eleutheria dichotoma*. Z. Naturforsch. **12**b, 472—477 (1957). — HONCZEK, R.: Zur Frage der Regeneration des Entoderms bei *Hydra*. Zool. Anz. **106**, 311—314 (1934). — KANAJEW, J.: Einige histologische Beobachtungen über das Entoderm der *Pelmatohydra oligactis* PALL. bei der Regeneration. Z. wiss. Biol., Abt. D **67**, 228—234 (1926). — Zur Frage der Bedeutung der interstitiellen Zellen bei *Hydra*. Z. wiss. Biol., Abt. D **122**, 736—759 (1930). — KEDROWSKY, B.: Über die Eigentümlichkeiten im kolloiden Bau der Embryonalzellen. Z. Zellforsch. **31**, 435—460 (1941). — KIRCHNER, H. A.: Die Bedeutung der interstitiellen Zellen für den Aufbau von *Cordylophora caspia* PALL. Z. Zellforsch. **22**, 1—19 (1935). — KLEINENBERG, N.: *Hydra*. Leipzig 1872.— KÜHN, A.: Die Entwicklung der Geschlechtsindividuen der Hydromedusen. Zool. Jb., Abt. Anat. u. Ontog. **30**, 76—82 (1910). — Entwicklungsgeschichte und Verwandtschaftsbeziehungen der Hydrozoen. Ergebn. u. Fortschr. Zool. **4**, 1—284 (1914). — LANG, A.: Über die Knospung bei *Hydra* und einigen Hydroidpolypen. Z. wiss. Zool. **54**, 365—385 (1892). — LEHN, H.: Die histologischen Vorgänge bei der Reparation von *Hydren* aus Aggregaten kleiner Fragmente. Wilhelm Roux' Arch. Entwickl.-Mech. Org. **146**, 371—402 (1953). — LENGERICH, H.: Vergleichende Morphologie der Eleutheriiden. Zool. Jb., Abt. Anat. u. Ontog. **44**, 311—388 (1923). — MATTES, O.: Die histologischen Vorgänge bei der Wundheilung und Regeneration von *Hydra*. Zool. Anz. **63**, 33—40 (1925). — McCONNEL, C. H.: Mitosis in *Hydra*. Wilhelm Roux' Arch. Entwickl.-Mech. Org. **135**, 202—210 (1936). — MOORE, J.: Interstitial cells in the regeneration of *Cordylophora lacustris*. Quart. J. micr. Sci. **93**, 269—288 (1952). — MÜLLER, H.: Untersuchungen über Eibildung bei Cladonemiden und Codoniden. Z. wiss. Zool. **89**, 37 (1908). — NATHANSON, D. L.: The relationship of regenerative ability to the regression of hydranths of *Campanularia*. Biol. Bull. **109**, 350 (1955). — NEKRASSOFF, A.: Zur Frage über die Beziehungen zwischen geschlechtlicher und ungeschlechtlicher Fortpflanzung auf Grund von Beobachtungen an Hydromedusen. Biol. Zbl. **31**, 759—767 (1911). — PAPENFUSS, E. J., and N. A. H. BOKENHAM: The fate of the ectoderm and endoderm of *Hydra* when cultured independently. Biol. Bull. **76**, 1—6 (1939). — PASTEELS, J.: Régénération de l'hydranthe et de la méduse chez *Cladonema radiatum*. Ann. Soc. roy. zool. Belg. **72**, 63—73 (1941). — QUATREFAGES, A. DE: Mémoire sur *Eleuthérie dichotome*. C.R. Acad. Sci. (Paris) **15**, 168—170 (1842). — RELLA, M.: Studien zur Reorganisation bei Süßwasserhydrozoen. Arch. Entwickl.-Mech. Org. **141**, 99—110 (1942). — SCHACH, H.: Kausale Analyse der Entstehung des polysiphonen Stockes von *Campanularia verticillata* L. Arch. Entwickl.-Mech. Org. **132**, 615—647 (1935). — SCHULZE, P.: Die Bedeutung der interstitiellen Zellen für die Lebensvorgänge bei *Hydra*. S.-B. Ges. naturforschd. Freunde. Berlin **1918**, 252—277. — STEPHAN-DUBOIS, F.: Migrations et potentialités histogénétiques des cellules indifférenciées chez les Hydres, les Planaires et les Oligochètes. Ann. Biol. **55**, 734—751 (1951). — TANNREUTHER: Budding in *Hydra*. Biol. Bull. Woods Hole 16 (1909). — TARDENT, P.: Über Anordnung und Eigenschaften der interstitiellen Zellen bei *Hydra* und *Tubularia*. Rev. suisse Zool. **59**, 247—253 (1952). — Axiale Verteilungsgradienten der interstitiellen Zellen bei *Hydra* und *Tubularia* und ihre Bedeutung für die Regeneration. Wilhelm Roux' Arch. Entwickl.-Mech. Org. **146**, 593—649 (1954). — Zum Nachweis eines regenerationshemmenden Stoffes im Hydranth von *Tubularia*. Rev. suisse Zool. **62**, 289—295 (1955). — Pfropfexperimente zur Untersuchung des regenerationshemmenden Stoffes von *Tubularia*. Rev. suisse Zool **63**, 229—236 (1945a). — TARDENT, P., u. H. EYMANN: Experimentelle Untersuchungen über den regenerationshemmenden Faktor von *Tubularia*. Wilhelm Roux' Arch. Entwickl.-Mech. Org. **151**, 1—37 (1959). — TARDENT, P., u. R. TARDENT: Wiederholte Regeneration bei *Tubularia*. Pubbl. Staz. zool. Napoli **28**, 367—396 (1956b). — WERNER, B.: Über die entwicklungsphysiologische Bedeutung des Fortpflanzungswechsels der Anthomeduse *Rathkea octopunctata* M. Sars. Zool. Anz. **156** (1956).

Dr. BRIGITTE WEILER-STOLT, Landau/Pfalz, Thomas-Nast-Str. 11

Lebenslauf

Am 25. 3. 1931 wurde ich, BRIGITTE WEILER, geb. STOLT, Tochter des Geschäfts-
führers des Verbandes der Angestellten-Krankenkassen Erich Stolt und seiner Frau
Anne Maria, geb. Stoltenberg in Hannover geboren. Von 1937—1941 besuchte ich
in Berlin-Frohnau die Grundschule, danach die Oberschule in Berlin-Hermsdorf,
die von 1943—1945 nach Harrachsdorf/Sudeten ausgelagert wurde, und seit 1945
die Oberschule in Hamburg-Fuhlsbüttel, wo ich 1950 das Abitur ablegte. Nach
einer halbjährigen Praktikantentätigkeit am Institut für angewandte Botanik der
Universität Hamburg konnte ich dort im WS 1950/51 mit dem Studium der Biologie
beginnen, das ich ab SS 1952 in Tübingen fortsetzte. Im Herbst 1953 arbeitete ich
2 Monate an der Forschungsstelle Norderney des Wasser- und Schiffahrtsamtes
Norden. Meine Dissertation führte ich seit SS 1955 am Tübinger Max-Planck-
Institut für Biologie, Abteilung Hartmann, später Weidel, unter der Leitung von
Herrn Dozent Dr. C. Hauenschild durch. In den Fächern Biologie, Chemie und
Geographie legte ich im WS 1957/58 das Staatsexamen ab. Seit August 1958 bin
ich mit dem Diplom-Geologen Dr. Helmut Weiler verheiratet. Für die Promotion
wählte ich die Fächer Zoologie, Botanik und Geographie.